探寻中华文化之美

品味

酒文化

郭月琴 杨 洁 孙继平 著

新华出版社

图书在版编目（CIP）数据

探寻中华文化之美：品味酒文化 / 郭月琴，杨洁，
孙继平著.
— 北京：新华出版社，2023.1
ISBN 978-7-5166-6717-0

Ⅰ.①探… Ⅱ.①郭… ②杨… ③孙… Ⅲ.①酒文化
– 研究 – 中国 Ⅳ.① TS971.22

中国国家版本馆 CIP 数据核字（2023）第 025338 号

探寻中华文化之美：品味酒文化

作　　者：郭月琴　杨　洁　孙继平

责任编辑：蒋小云　　　　　　　封面设计：尚书堂

出版发行：新华出版社
地　　址：北京石景山区京原路 8 号 邮　　编：100040
网　　址：http://www.xinhuapub.com
经　　销：新华书店
　　　　　新华出版社天猫旗舰店、京东旗舰店及各大网店
购书热线：010-63077122　　中国新闻书店购书热线：010-63072012

照　　排：北京亚吉飞数码科技有限公司
印　　刷：北京亚吉飞数码科技有限公司

成品尺寸：165mm×235mm　　1/16
印　　张：14　　　　　　　　字　　数：155 千字
版　　次：2024 年 1 月第一版　印　　次：2024 年 1 月第一次印刷

书　　号：ISBN 978-7-5166-6717-0
定　　价：86.00 元

前言

　　中国酒文化源远流长，它承载了人类几千年的文明，是华夏灿烂文化的重要体现。酒并非生活必需品，却在日常生活中扮演着极为重要的角色，人们对酒也有一种特殊的感情。在酒文化的历史变迁中，人们赋予了酒许多社会层面、精神层面的意义，中国酒文化也因此常盛不衰、历久弥香。

　　中国自古就是酒的国度，国人也喜欢饮酒，可以说无酒不成席，无酒不成礼。恰逢喜事要饮酒，朋友欢聚要饮酒，送别饯行要饮酒，重要节日要饮酒，酒几乎无处不在。酒不仅仅是一种物质存在，饮酒文化早已融入了中国人的精神深处。

　　本书从不同的角度和层面对中国酒文化的整体风貌进行了具体的展现。对中国酒文化的源头和历史发展进行梳理，能够让你更加深刻地认识酒文化；分析不同酒类的风味和感官体验，让你会品酒，更懂酒；古色古香的中国酒器，带你领略中国酒文化的博大精深；酒以成礼，饮酒有度，让你享

受健康幸福的人生；推杯换盏之间，带你认识传统民俗与节日中的酒文化；曲水流觞处，来领略一番酒令的魅力；对酒当歌时，来感受艺术与酒相得益彰的迷人风采。

本书结构清晰，内容全面，图文并茂。本书还特别设置了"指点迷津""酒谚拾趣"两个版块，带你全面领略中国酒文化。"指点迷津"为你解读酿酒、饮酒过程中的酒知识，"酒谚拾趣"则通过对日常生活中耳熟能详的与酒相关的名句、谚语，挖掘其背后的深刻内涵，让你了解更多酒文化。

杯中藏日月，壶内有乾坤。酒杯中那色泽纷呈的佳酿正是生活本真的味道，不妨随本书去细品其中滋味！

作　者

2022 年 6 月

目录

第一章

杯中文化，源远流长

中华酒文化博大精深，源远流长，历经几千年的芬芳酝酿，历久弥香，沁人心脾。觥筹交错之间，品味着文化的厚重；推杯换盏之际，诉说着人间的冷暖。那么，中国酒文化源于何时何处，在其发展过程中又经历了怎样的蜕变呢？

酒的起源

中国人崇尚饮酒，究其源头可追溯至上古时期，然而酒到底是如何产生的，历来众说纷纭，后人也很难判定。在我国民间，流传着很多造酒的传说，被人们普遍认可的有猿猴造酒、仪狄造酒、杜康造酒的故事。

猿猴造酒

与其说猿猴造酒，不如说猿猴在大自然采摘野果的过程中发现了酒。猿猴是一种具有较高智商的动物，它们生活在山林之中，在觅食野果的过程中发现熟透了的水果有一种特殊的"滋味"，甚是美味，食用之后感觉飘飘欲仙，十分惬意。事实上，这些熟透的水果在储存过程中内质已经发酵，产生了最原始的"酒"，这让猿猴十分喜爱。

自然发酵的果酒最初是猿猴的偶然发现，后来猿猴会把葡萄、梨、猕猴桃等水果有意识地存放起来，比如把水果储存在石头的凹陷处，让其"自酿"，等"酿制"成功便拿来饮用，这就是猿猴造酒的故事。

 ## 仪狄造酒

史料记载，仪狄是夏禹时期的造酒官。相传他经过反复研究试验，掌握了酿酒的技术，于是将酿好的美酒进献给夏禹，夏禹饮用之后发现这种饮品无比美味，十分喜爱。同时，作为一代明君的夏禹也马上意识到，如果君主沉迷于饮酒，必将给整个国家带来灾难，所以夏禹不仅没有赏赐仪狄，反而不再重用他。仪狄造酒的传说流传开来，他本人也被奉为"造酒始祖"。

齐鲁地区酒文化浮雕

杜康造酒

"慨当以慷，忧思难忘；何以解忧，唯有杜康。"在所有提及"杜康"的诗句中，曹操的《短歌行》可谓意蕴深远，影响广泛。在原诗中，杜康指的是一种能够解忧的美酒，然而在民间传说中，杜康是一位鼎鼎大名的酿酒师。杜康不断进行研究探索，既采用了前人的经验，又加入了自己的创造，用高粱酿出了风味独特、味道极好的酒，令人称赞不已。

陕西渭南市白水杜康泉

在民间，杜康被奉为酒神，许多城市都有与杜康相关的遗迹，例如陕西渭南的杜康沟、河南汝阳的杜康矶、山东济南的杜康泉等等。

"酒"字溯源

　　酒是生活中常见的饮品，那么"酒"字是怎么来的呢？

　　中国汉字中有许多字都是遵循象形、会意的原则造出来的，中国古人多用坛子装酒，所以"酒"的本字就是形如酒坛的"酉"，距今7000多年的西安半坡遗址出土过形似"酉"字的酒坛，在甲骨文、金文中可以明显看出"酉"字的象形特征。

　　随着时间的推移，"酉"字酒坛的本义逐渐消失，成了酒的代名词，后来人们又根据酒的液体特性，在"酉"字旁边加上了水的形态，从此"酒"字定型并沿用至今。

酒的雅号

酒是日常生活中必不可少的饮品，古往今来的人们在品饮美酒的过程中还给酒取了很多雅号别称，这些名字为中国酒文化增加了一抹诱人的色彩。

醪的本义就是美酒，在一些文学作品和文献记载中经常用"醪"作为酒的别称，辛弃疾《贺新郎》词中写道："江左沉酣求名者，岂识浊醪妙理。"我们在平时也会到超市购买醪糟米酒，"醪"原本就是酒的代名词。

醍醐

"醍醐"一词常让我们想到"醍醐灌顶",其实这个词语还有一层含义就是美酒。白居易诗中写道:"更怜家酝迎春熟,一瓮醍醐待我归。"古代的文人经常用醍醐来指代美酒。

绿蚁

"绿蚁新醅酒,红泥小火炉。晚来天欲雪,能饮一杯无。"诗中描写的情景让人感到无限美好。那么为什么用"绿蚁"来形容酒呢?因为古代新酿的酒表面有一层绿色的"酒渣",细如蚂蚁,所以称为"绿蚁",事实上它是浮在酒表面的一些泡沫。人们索性将这一形象的比喻当作酒的雅号,流传至今。

杯中物

杯中可以盛放的东西有很多,但是在中国文化中,"杯中物"这个名字是酒的专属。杜甫曾经写道:"莫思身外无穷事,且尽生前有限杯。"现实中的万般无奈与杂乱可以暂时不去管,且尽这杯中物。

且尽杯中物

茶为涤烦子，酒是忘忧君

畅饮以忘忧

"涤烦子"，就是洗涤内心的烦恼，一杯清茶让烦躁的内心平静下来，这是茶特有的功效。"忘忧君"是酒的别称，因为酒能够让人暂时忘却现实中的忧愁烦闷，放浪形骸，得到片刻的放松。

人间最万能的解忧之物就是酒，古往今来的人们无不沉醉其中。很多人也会经常反省自己饮酒误事，然而当美酒摆在面前时，却又忍不住小酌、畅饮，直至大醉，或许在生活中历尽风霜的人确实离不开"忘忧君"吧！

悠悠酒史

中国酒文化的历史非常久远，在甲骨文中就有了关于酒的记载，但是真正有明确酿酒工艺的记录还要追溯到西汉时期。中国酒史在不同的历史时期有不同的特点，反映了当时的社会经济面貌，是一面历史的镜子。

在汉代以前，酒与人们的生活是分不开的。酒是一种饮品，其实也是一种食品，在不同的场合中有不同的作用，发挥着它的价值和意义。

《论语·为政》："有酒食，先生馔，曾是以为孝乎？"意思是说有酒食应该先让长辈食用，这是一种孝道，它与人的品质养成具有密切关系。

《诗经·豳风·七月》："十月获稻，为此春酒，以介眉寿。"意思是在寒冬用稻谷酿造美酒，春天饮用，可以求得长寿。《诗经·小雅·吉日》："以御宾客，且以酌醴。"意思是要用美酒款待客人，这也说明用酒来接待宾客的传统自古有之。

《礼记·月令》："孟夏之月……天子饮酎，用礼乐。"酎是重酿之酒，配乐而饮，这里的酒与"礼"有着十分重要的关系。

秦汉以后，酒文化越来越注重"礼"，对于饮酒是有严格规定的。两汉时期，酒的种类逐渐丰富，饮酒也跟一些重要的节日联系起来。到了三国时期，随着酿酒技术的发展，人们饮酒的热情也越来越高。

魏晋南北朝时期允许民间自由酿酒，酒有了合法的地位，酒业市场得以兴盛，这一时期还出现了"酒税"，成了国家财政的重要来源。魏晋时期的名士们对饮酒极为推崇，"竹林七贤"就是其中的代表，刘伶更是成为酒文化史上的标志性人物。魏晋时期的酒文化得到了极大发展，东晋书法家王羲之曾偕亲朋好友在兰亭清溪旁举行"曲水流觞"活动，众人饮酒赋诗，谈笑风生，热闹至极。醉酒后的王羲之挥

绍兴兰亭碑亭

笔写就千古名篇《兰亭集序》，一时传为佳话，流传至今。

唐宋时期，文人群体对酒的推广起到了重要作用，唐诗宋词的兴盛让酒成了文化生活中不可或缺的一分子，酒与文学、音乐、书法、绘画等艺术形式密不可分。这一时期的酒文化高度发达并且多姿多彩，在物质层面和精神领域都深深地融入了人们的日常生活。山东兰陵自古盛产美酒，其酿酒历史非常悠久，战国时期的思想家荀子曾经担任兰陵令，为兰陵酒的推广奠定了历史文化根基。唐代诗人李白对兰陵美酒向往已久，当他游历到山东兰陵的时候开怀畅饮，顿时激发了灵感，写下了"兰陵美酒郁金香，玉碗盛来琥珀光。但使主人能醉客，不知何处是他乡"的名篇。宋代制酒工艺也得以发展，出现了蒸馏法，白酒逐渐成为日常饮用的酒类。

酒香四溢

北方少数民族历来豪饮，金代有烧锅酒文化，元代则出现了烧酒。明清之后，酒与人们的生活越来越密不可分，不同节日、不同场合要饮用不同种类的酒。明清以来，不仅酿酒技术、工艺得到空前发展，饮酒文化也得到了空前的普及，饮酒之风风靡整个社会。

近现代以来，中国酒文化与西方酒文化碰撞，在保留了中国传统的基础上，有了许多新的发展。

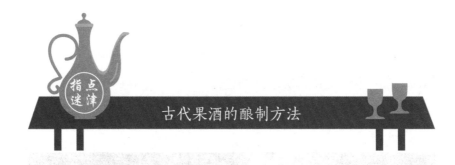

指点迷津

古代果酒的酿制方法

我们知道，古人在很长时间内饮用的都是果酒，那么古代的果酒是怎么酿制的呢？方法通常有三种：第一种是通过水果自身带有的糖分自然发酵产生果酒；第二种是加入酒曲，使酒曲与水果发生反应从而酿出好酒；第三种则是对发酵后的果酒进行蒸馏，这样就得到了烧酒型的果酒。

果酒

酿酒佳话

　　现代科学家研究表明，在耕种农业发展初期，人们用原始粗放的方式贮藏谷物，这种方式容易导致谷物受潮、发霉、发芽，而这些发霉发芽的谷粒就成了天然的曲蘖，人们在实践中发现将其浸入水中就能够酿酒了。自然界的野果也是一样，野果本身就是天然的酿酒原料，野果含糖量高，极易发酵成酒。

　　人们最初饮用的酒就是果酒和乳酒，是第一代饮料酒，后来随着农业生产水平的提升，酿酒的原材料越来越丰富，谷物、水果、牲畜的乳汁等都可以用来酿酒。社会经济的不断发展也使得酿酒技术、酿酒规模不断提高。

　　在古代文献或古人的文学作品中经常会出现"琼浆玉液""陈年佳酿"等词语。"琼浆玉液"形容的是酿酒种类多并且酒的品质上乘。"陈年佳酿"则说明人们发现了酒在陈化过程中品质能够得到明显的提升，人们也有意识地掌握了这种技术，经过陈化得到更加香醇的美

古人酿酒（模型）

米酒罐

酒。酿酒技术是人们在长期实践过程中积累的经验智慧，人类社会的进化发展史也是酿酒技术逐渐完善的过程。

酒香不怕巷子深

这条谚语的意思是如果酒酿得好，就算是把酒放在深巷里，也会有人闻到酒的香味，前来品尝。随着时间的流逝，这句话已经被引申出了许多其他的意义。

据说古代在一条很深很长的酒巷里有一家酿酒作坊，他家的酒品质上佳，非常有名。人们为了喝上好酒，宁愿多走一些路也要到巷子尽头买他家的酒。然而，在当下市场经济环境下，似乎酒香也怕巷子深，所以做好包装和产品推广成了拓展市场的重要途径。

酒坊、酒肆与酒旗

  酒坊就是酿酒的作坊，在古代通常为官府所设置。酒坊当中有酿酒的场地和设备，酒坊的设立对中国酒文化的发展起到了巨大的推动作用。

  酒肆就是酒店、酒馆，是古代人们饮酒吃饭的地方。通俗地讲，酒肆就是中国古代的"酒吧"。从许多文学作品、影视作品、绘画作品中我们了解到，酒肆是一个三教九流都会去的地方，在酒肆里演绎着世间百态，人们在此与酒结下了不解之缘。

  酒旗是酒家为了招揽生意插在店铺门口的醒目的幌子，便于顾客们从远处锁定酒店的位置，是一种"打广告"的商业行为。杜牧的《江南春》写道："千里莺啼绿映红，水村山郭酒旗风。"行走在村落之间的行人很远就能看见店家招揽生意的酒旗。

  对于现代人来说，酒旗颇有几分古色古香的韵味，在一些旅游景区或者复古风格的商业区还在使用。

酒坊内的酒坛

酒旗

第二章

琼浆玉露，香飘满园

泱泱中华大地，酿酒技术已经绵延数千年。在酒文化发展的过程中，不同地域、不同民族、不同文化背景的劳动人民创制了多种多样的酒。不同类型的酒各具特色，散发着独属于自己的魅力。每一种酒都有复杂的酿制工艺，同时也蕴含着丰富的历史文化内涵。

白酒：入口绵甜，余味悠长

　　白酒因为没有颜色而得名，它是中国最具代表性的烈性酒。白酒是一种蒸馏酒，以陈年久存者为上品。白酒通常由高粱、小麦、大米、玉米、豌豆等粮食酿制而成，在中国的各个地区都有代表性白酒，并且因为口感滋味的不同还划分为了不同的类型，如清香型、浓香型、酱香型、兼香型等。

　　白酒的酒精度通常在35%以上，根据酒精度的高低，人们会将白酒分为低度白酒、中度白酒、高度白酒等。白酒没有保质期，越陈越好。新酿制的白酒刺激性比较强，气味不够纯正，长时间存放后则变得气味柔和、芳香、绵软。

优质高粱白酒

 清香型白酒

　　清香型白酒也有人称其为汾香型白酒，最具代表性的白酒品种就是山西的汾酒，汾酒也就是我们平时经常提起的杏花村酒。另外，福建金门所产的金门高粱酒也是清香型白酒的重要一员。清香型白酒入口香气清雅，口感绵爽，滋味甘甜，气味十分协调，令人回味无穷。

纯粮酿造的白酒

 ## 浓香型白酒

　　浓香型白酒在中国白酒当中十分常见，像五粮液、剑南春、杜康、刘伶醉、泸州老窖等都属于浓香型白酒。浓香型白酒气味芳香浓郁，入口绵柔醇厚，同样有甘甜之感，人们常以"香、甜、浓、净"来形容其品质特征，深受广大白酒爱好者的青睐。

白酒的酒体酒花

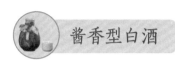

酱香型白酒

酱香型白酒驰名中外，主要是因为赫赫有名的茅台酒，贵州茅台酒是酱香型白酒的典范，所以酱香型白酒也被称为"茅香型"。酱香型白酒气味幽雅，酒体清澈而略带微黄，盛过酒的空杯留香持久。在中国的白酒中，酱香型白酒的数量不多。

白酒酿造工艺

兼香型白酒

　　所谓兼香型，指的是具有两种以上的香型，这类酒在酿制过程中吸取了多种酒的精华，所以产生了风格差异较大的品质特征。一酒多香，各不相同，带给品饮者无限的惊喜和回味，像比较知名的西凤酒、白云边酒都属于兼香型白酒。

美酒一杯春竹叶

　　酒是一种特殊的饮品，具有越陈越香的特点。酒中包含的元素非常多，比如酒精、杂醇、有机酸等，有机酸带有明显的酸味，而杂醇则具有难闻的气味，入口后刺喉难咽。人们发现酒经过长期的储存，慢慢会散发出一种特殊的香气，让人不适的气味会慢慢减弱，甚至消失。这时候的酒带有混合的香气，口感上更加纯正，陈年酒也因此备受人们追捧，这也证明了一个道理：酒是陈的好。

白酒酒花绵密

米酒：蜜香轻柔，幽香纯净

米酒由糯米制成，也就是用蒸熟的糯米，拌上粉末状的酒曲发酵而成的酒。米酒气味芳香，味道甜美，所以人们也形容米酒的品质特征为"蜜香"，将米酒称之为甜酒。古人将尚未酿制出酒的米醪称为"醴"，它可以直接食用，千百年来一直受到人们的青睐。

米酒的酒精度根据发酵的情况而有所不同，一般在 10% 到 20% 之间，属于低度酒。米酒幽香纯净、不浓不烈，适合各类人食用，在南方地区备受追捧。米酒一年四季均可酿制饮用，尤其在炎热的夏天，气温高的情况下米酒更容易发酵，人们也常将米酒作为消暑解渴的必备品。

米酒的酿制

甘甜的米酒

黄酒：香气浓郁，风味醇厚

黄酒是中国酒文化历史上占有重要地位的酒类，曾经一度被奉为国酒。黄酒是以稻米、黍米、小麦等为原料，经过蒸制后拌以酒曲发酵酿制而成。黄酒的酿制是中国劳动人民智慧的结晶，具有鲜明的民族特色，其中绍兴黄酒历史悠久，最具代表性。

黄酒也叫作花雕酒，酒体一般色泽为黄亮色，有的也呈现出黄褐色、红棕色。黄酒的酒精度一般在 15% 左右，通常不超过 20%。黄酒营养物质丰富，人们常称其为"液体蛋糕"。黄酒气味具有典型的粮食特征，口感温润柔和。黄酒在我国南方地区产地众多，除了浙江绍兴之外，像福建、江西、江苏、广东等地都酿制黄酒，并且在本地有非常大的消费群体。

黄酒历来被人们称为"养生酒"，因为黄酒属于温性酒，营养丰富，具有多种保健功能。在盛产海鲜的季节，当人们想尽享海鲜的鲜美，又怕寒凉郁积体内时，很多人会选择备上一坛黄酒，和海鲜搭配食用。

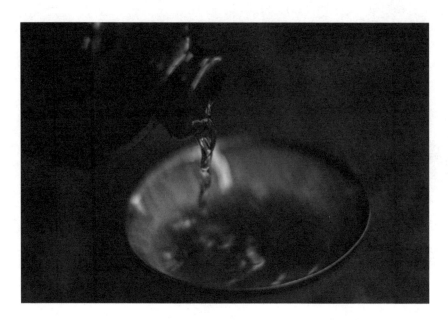

黄酒酒体黄亮清冽

黄酒与海鲜很是搭配

"女儿红"的由来

　　黄酒"女儿红"驰名中外，除了它优异的品质特征外，还与它名字的由来有关。据记载，南方地区一些人家有在女儿出生之前就开始酿酒的习俗，酿好酒之后要把酒装进酒坛之中，待女儿出生后将酒坛埋藏于树下。等到女儿出嫁那一天将深埋多年的好酒取出来，招待宾客。此酒深藏多年，品质特征上佳，酒色黄中泛红，因此被称为"女儿红"。

果酒：甘甜清澈，细腻舒畅

　　果酒是以各种水果为原料经过发酵或浸泡等工艺制作而成的，由于使用的水果种类不同，果酒的品质特征也有非常大的区别。在酒的起源中有"猿猴造酒"的说法，猿猴最初发现的就是果酒。果酒通常酒精度比较低，大多数在 12% 到 18% 之间。果酒的酒体清澈透亮，味道鲜甜、酸甜，有水果的原始香气，纯净无异味。有人喜欢将一些水果放在白酒中浸泡，酿成口感独特的酒。但是泡果酒时最好不要用酒精度过高的白酒，否则容易掩盖水果原有的滋味。

　　果酒发展的历史非常悠久，在中国历史上有各种各样的果酒，如木瓜酒、柚子酒、石榴酒、苹果酒、梅子酒、葡萄酒、桑葚酒、荔枝酒、樱桃酒、柠檬酒、椰子酒等。三国时期的曹操曾经"青梅煮酒"，唐诗当中也有"葡萄美酒夜光杯"等名句，可见中国果酒的发展历史源远流长。

青梅泡酒

倒茶要浅，斟酒要满

　　"浅茶满酒"是中国人的待客之道。为他人倒茶时不可倒得过满，否则是对他人的不敬，通常倒茶以七分满为宜。斟酒则不然，斟满酒杯表示对人的尊敬、热情，好友相聚、为长辈敬酒时，斟满一杯酒代表真诚与盛情，对方也会感受到你的情意满满。"酒满敬人"是属于中国人特有的情感表达方式，当然饮酒要有一个"度"，否则就得不偿失了。

酒满敬人

啤酒：干爽柔和，香气怡人

　　啤酒是我们日常生活中非常常见的一种酒，虽然啤酒并不起源于中国，但中国人自己酿制啤酒的历史也已超过百年。啤酒的"啤"，源于英语的"beer"，19世纪末，啤酒伴随着外国列强的入侵来到中国，从此在中国落地生根并被发扬光大，成为人们生活中不可或缺的一种饮品。

　　啤酒是以大麦和啤酒花为主要原料，经过发芽、糖化、发酵精制而成。啤酒可以分为生啤酒、熟啤酒。生啤酒没有经过高温灭菌处理，保留了酶的活性，口感上要比熟啤酒更好。生啤酒也叫鲜啤酒，虽然它口感上具有优势，但稳定性较差，不能长时间保存。熟啤酒由于进行了杀菌处理，不再继续发酵，稳定性较好，密封保存之后能存放较长时间。

　　啤酒酒精度低，饮用时口感干爽柔和，散发着浓郁的麦芽香气，具有极为广泛的消费群体。

麦香浓郁的啤酒

点津指迷　决定啤酒饮用体验的两项数据

　　有两项重要数据决定着啤酒的口感和饮用体验，一是酒精度，二是麦汁浓度。

　　啤酒的酒精度不高，大多数啤酒在 4% 左右，国产啤酒大多数低于 4%，外国啤酒或者黑啤酒的酒精度大多高于 4%，相对于白酒、黄酒来说，啤酒是名副其实的低度酒。

　　啤酒的麦汁浓度与酒精度无关，它是反映生产原料麦芽汁的浓度，决定了啤酒的口感。麦芽浓度低，相对来说口感清爽、淡雅；麦汁浓度高则体现出醇香、重口味。人们在购买啤酒时，会根据这一数据来选择适合自己的酒。

黑啤酒滋味醇厚

第三章

觥筹交错，古色古香

中国酒文化的发展史也是中国酒器的发展史。酒器是中国酒文化的重要组成部分，好的酒器能够大大提升饮酒的乐趣和体验。"兰陵美酒郁金香，玉碗盛来琥珀光"，美酒与酒器相得益彰，自古以来，人们就非常重视饮酒时使用的酒器。中国酒器历史悠久，千姿百态，风韵独特，其作为酒文化的承载者，在其发展过程中经历了怎样的洗礼和蜕变呢？

酒器史：酒为器盛，飘香万里

酒器作为人们生活中的常用物品，其发展伴随着生产力的发展不断演进。中国酒器的发展主要经历了材质和形制的变化，在数千年的发展过程中，形成了独特的文化。酒器既是一种生活必需品，也是一种精美绝伦的艺术品。

据历史学家考证，早在新石器时代就出现了最原始的酒杯。在山东大汶口新石器时代的历史遗存中，出土了几十件陶土烧制的酒杯，虽然形制还非常简陋，但足以充分证明酒杯已经是人们重要的生活用品了。由于生产力低下，原始时期的酒器多是就地取材，体现出质朴的特色。除了陶土烧制的酒杯，还有一些竹木制作的简单酒器。

新石器时代的陶壶

　　到了夏商周时代，随着生产力的发展，青铜器应运而生，青铜酒器也随之出现。青铜酒器古朴、厚重，在酒礼文化、祭祀仪式中都扮演着重要的角色，具有不可估量的历史文化价值。这一时期的酒器除了青铜材质外，还有比较名贵的象牙、玛瑙材质，安阳殷墟的妇好墓就出土过象牙材质的酒杯。

商浮雕羊首青铜罍

汉代之后，青铜酒器逐渐被取代，漆器登上了历史舞台。马王堆一号汉墓出土的漆器酒具彩绘风格独特，精美绝伦。

隋唐时期，国家政局稳定，社会经济发展，饮酒之风盛行。这时的人们掌握了瓷器烧制技术，因此瓷制酒具得到了很好的发展，隋唐时期的瓷制酒器不仅色彩艳丽，造型也十分新颖奇特，唐三彩就是其典型代表。

宋元以后，瓷制酒器在前朝基础上得以继承并且发扬光大，不论是数量还是质量都有非常人的提升，且具有自身独特的文化内涵。金银酒器、玉制酒具也在社会上享有一定的知名度，被人们所喜爱和使用。

北宋青白釉瓜棱执壶

中国酒器反映了一个时期的历史风貌，不同场合、不同身份、不同的饮酒方式会有不同的酒器选择，不论是厚重古朴的青铜酒器，还是珠光宝气的金银酒器，抑或是清新典雅的瓷制酒器，都彰显了中国独特的酒文化。

北宋鎏金葵花形银杯

清乾隆年间青花三果纹执壶

酒谚
拾趣

敬酒不吃吃罚酒

　　这句谚语我们在日常生活中经常能听到，甚至自己也会使用。一般是指在宴会开始的时候，主人会给宾客敬酒，通常来讲为了表示礼貌会连敬三杯。有的人喝酒时故意不喝或者少喝，被发现时就会被罚酒。再比如一场聚会已经开始，有的人不守时迟到了，坐到酒桌上时也会被人们罚酒。随着这句谚语语义的引申，现在经常被人们形容为不识抬举、不知好歹。当然，我们在生活中也经常把它当作一句戏谑调侃的俗语。

陶酒器：制作精致，造型优美

陶制酒器作为最早的酒器，在相当长的历史时期内扮演着重要角色。从新石器时代到汉代，陶制酒器的发展一直未曾中断，其中的经典造型也十分有特色。陶制酒器比较常见的有陶壶、陶盆，与人们的生活息息相关。

新石器时代仰韶文化对三角纹彩陶盆

　　袋足陶鬶是一种造型很别致、惟妙惟肖的象形酒器，形状像鸟兽，它出土于江苏省武进良渚文化遗址，颈细而矮，上腹肥硕圆鼓，是东南沿海地区良渚文化居民常用的一种斟酒器具。

新石器时代兽面纹壶

新石器时代白陶鬶

青铜酒器：形制各异，底蕴深厚

　　青铜器起源于夏朝，在商代达到了鼎盛时期，青铜器在当时也是地位和身份的象征。

　　青铜爵是这一时期非常有代表性的酒具，它有椭圆形的腹部，圆底，三刀形足外撇，在影视剧中经常能见到这一造型。爵是青铜酒具的一类，具体还会有一些不同的造型，体现了使用者不同的身份。

商王武丁时期青铜爵

　　罍是古代一种较为重要的盛酒器，其造型精美，形制独特，曾盛行一时。方罍数量较少，西汉时还因为争罍引发宫廷争斗，可见罍的重要性。

西周象首耳兽面纹铜罍

人们常说"觥筹交错"，其中的"觥"指的便是盛行于商朝晚期至西周早期的一种青铜盛酒器，器身多为椭圆形或方形，以圈足或四足最为常见，觥盖一般做成兽首状。有的觥全器做成动物状，器身为兽腹，兽首、背部则为觥盖，兽腿则为觥足。

此外，像尊、卣、盉等器型同样是青铜酒器中非常有名的造型，现存文物中有很多它们的身影。

商父乙觥

西周青铜雁尊

商祖辛卣

西周匍雁形铜盉

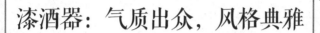

漆酒器：气质出众，风格典雅

漆器出现的时间较早，战国时期就已经被生产和使用，而在汉代其制造空前繁盛，并为人们所熟知。

汉代漆器酒器中，漆耳杯是一种典型且常见的造型。湖南长沙马王堆汉墓 1972 年出土了 90 件形状相同、大小略异的漆耳杯，是汉代漆器的代表。漆耳杯是用来盛酒的容器，有大、中、小不同的型号，可以根据饮酒者不同的需求选择使用。

汉代饮酒之风盛行，当时的人们饮酒时一般围绕酒樽席地而坐，用酒樽中的勺子舀取酒水，为了使用方便，酒具一般比较矮胖。

西汉漆耳杯

瓷酒器：精致细巧，绚丽多彩

瓷器发源的时间较早，原始瓷制作成本较低，容易被人们接受使用。战国时期还发现了原始瓷的温酒器，体现了劳动人民的智慧。

战国原始青瓷温酒器

西汉波纹原始青釉瓷五孔温酒器

　　到了隋唐时期，瓷器酒器的制作趋于精良，造型优美，备受人们的推崇，该时期比较有代表性的瓷器为白瓷。唐代是白瓷烧制工艺发展的成熟期，这一时期烧制的白瓷胎质细腻，十分精美。白瓷酒具造型丰富多样，如唐宋时期的执壶，简约、大气、实用，同时也有很高的收藏价值。

南宋青白釉印花六棱执壶

　　1968 年出土于陕西省豳县的青釉剔花倒装壶是宋代耀州窑瓷器的代表作品之一，其器形似梨，上部是假壶盖，并不能打开而只作装饰之用。酒液的注口在壶底的梅花孔，注入酒液时需要将壶身倒置，因而才有了"倒装壶"的称谓。

神奇的"倒装壶"

　　在中国古代发明了一种神奇的"倒装壶",也叫"倒灌壶",它是从壶的底部注入水或者酒,但酒水却能不漏出来。经专家研究发现,倒装壶内置漏注与壶底孔洞相连,内置漏注能控制酒面,使得壶身倒置时壶内的酒水不会像人们预期的那样溢出,如果壶内的酒溢出,则表示壶内已经装满了酒。将倒装壶正置或倾斜壶身倒酒时,只要酒面低于壶内漏注的上孔,壶底就不会漏酒。倒装壶的发明是中国古代能工巧匠的艺术创造,不仅新颖精巧,还为酒席上的饮酒者增添了诸多情趣。

五代青釉提梁倒灌壶

宋元时期的玉壶春瓶非常有代表性，元青花玉壶春瓶更是瓷器酒具中的精品。玉壶春瓶造型源于唐代，颈细，中央微收束，向下则逐渐加宽过渡直至杏圆状，圈足内敛或外撇，各有特色。这种瓷瓶的造型定型于宋代，后来逐渐成为中国瓷器造型中的经典代表，其用途主要为盛酒、分酒。此外，元代景德镇窑镂空折枝花青白釉高足杯也很有特色。

宋扒村窑黑花玉壶春瓶

元景德镇窑镂空折枝花青白釉高足杯

明清时期有许多特色酒器，像成化斗彩鸡缸杯、高足杯都是传世之宝。成化斗彩鸡缸杯是成化皇帝的御用酒杯，被誉为汉族传统陶瓷中的艺术珍品。因为鸡缸杯供奉帝王之家使用，所以在烧制的时候要求极高，存世数量也非常少。另外，还有明代的青花云龙纹瓷角杯，清代的青花云鹤纹爵、茄皮紫釉爵等，造型古朴，制作精良，极具特色。

明嘉靖青花云龙纹瓷角杯

清乾隆青花云鹤纹瓷爵

清茄皮紫釉爵

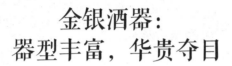

金银酒器：
器型丰富，华贵夺目

　　金银酒器的材质是贵重金属黄金和白银，所以使用金银酒器的一般是富贵、权贵之家。金银酒器由于其天然的贵重金属性质，除了用于饮酒之外，还有很高的收藏价值，也是财富的象征。金银酒器造型多样，杯、碗、盘、壶应有尽有，有的人还将宝石、玛瑙等镶嵌其上，精美绝伦。

　　现实生活中，很多人认为用金银酒器饮酒对人体有一定的危害，事实上，根据科学研究，金银器对人体没有害处，这是被祖先们几千年的实践证明了的，所以对于金银酒器可以放心使用。

唐掐丝团花纹金杯

清刻龙纹银高足杯

敬酒的讲究

指点迷津

在日常聚会或者正式场合的酒宴上，人们经常会端起酒杯向他人敬酒，敬酒也是很有讲究的，如果出错失礼就会造成非常尴尬的局面。为他人敬酒时，首先要双手捧杯以示尊重，一般是右手拿杯，左手托住杯底。敬酒要按照一定的顺序，不能东一个，西一个，那样既混乱又会厚此薄彼，引发误会。与他人碰杯的时候，酒杯一定要低于对方，尤其是在长辈、领导面前更是如此。此外，在敬酒的时候一般还要说一些祝福的话语，敬酒的过程也是一个与他人交流的机会。

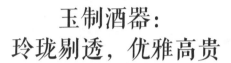

玉制酒器：
玲珑剔透，优雅高贵

　　玉制酒器在中国古代酒器家族中并不多见，但历来受到许多文人雅客的推崇。李白曾写诗道："兰陵美酒郁金香，玉碗盛来琥珀光。"将美酒倒入玉杯当中，透过光束的照射，酒色十分清冽富有光泽，香气沁人心脾，让人见之便有饮酒的欲望。玉制酒器色泽玲珑剔透，造型美观，具有非常高的收藏价值。

　　西汉时期的兽面勾连乳丁纹螭虎托玉杯、清代的玉制僧帽盖壶和白玉兽面纹蟠龙斜方觚都是玉制酒器的传世之宝。

西汉兽面勾连乳丁纹螭虎托玉杯

清玉制僧帽盖壶

清白玉兽面纹蟠龙斜方觚

中国酒器的发展演变是中国酒文化发展的一个缩影，酒器的时光变迁也反映了酒文化的点点滴滴。

酒谚拾趣

酒逢知己千杯少

有酒的地方就有人，老友重逢、同学聚会、离别饯行都离不开一杯美酒。"酒逢知己千杯少"，遇到知己，喝一千杯都嫌少，这是一种夸张的说法。这句谚语形容性情相投的人聚在一起不会觉得厌倦，总会派生出欢乐祥和的气氛。酒酣耳热之际，人们的心情是愉快的，精神是放松的，相互之间的话语也就变多了。所以，一个人在独自饮酒的时候往往酒量不佳，但与知心朋友相聚时则酒量大增，正所谓"酒逢知己千杯少，话不投机半句多"。

第四章

酒以成礼，醇香万代

中国自古就是礼仪之邦，中国人饮酒也处处体现了礼仪情结。中国人的酒礼体现了中国独有的文化，代表着尊卑、长幼等一系列的礼仪规范。从古至今，在任何一个历史时期，酒礼文化从未消失，并且随着社会的发展不断丰富，浸润于人们生活的方方面面。

酒礼起源

　　酒礼文化最早可以追溯到夏商周时期，从夏商周时期开始，礼就成了人们社会生活的准则与规范，礼的规范渗透到了社会生活的各个方面，酒自然也就纳入了礼的范畴，酒礼也就由此产生。

　　夏商周时期，人们掌握了酿酒技术，酿酒业得到了空前的发展，酒的生产深受重视。在传统的农业社会当中，人们祈求风调雨顺、五谷丰登，酒作为礼的一部分，人们用它来祈福消灾，祈佑平安。当人们喜获丰收时，都要与家人、朋友开怀畅饮，表达对未来美好生活的向往。

　　周代的风俗礼仪发展逐渐完善，形成了"八礼"（冠、婚、丧、祭、乡、射、聘、朝），在这些礼仪场合中，大多数都有酒参与其中，酒成了人们庆贺喜事、寄托哀思、尊老敬老等仪式的载体，因此包含了十分重要的文化意义。周代的风俗礼仪与当代酒礼是一脉相承的，当代酒礼文化中很多礼仪规范大多源于周代"八礼"。

商青铜斝

酒谚拾趣

酒池肉林

"酒池肉林"形容的是商朝最后一个国君纣王荒淫无道、奢侈腐化的生活。商朝本是一个强盛的王朝，创造了辉煌的历史文化。而最后一任国君纣王整日沉醉在酒色之中，他命人修筑了一座鹿台，挖了一个很大的池子装满了酒，又命人宰杀各种牲畜、飞禽，精心烤炙悬挂在树上，方便随时享乐。纣王沉湎于酒池肉林不能自拔，终于激起人民的反抗，最终自焚于鹿台。自夏商以来，饮酒崇礼，若纵情沉湎于酒，必然招致悲剧的到来，这是值得后世引以为戒的。

商四羊方尊

"礼饮三爵"与监酒官

西周时期形成了十分规范的社会礼法，"礼饮三爵"就是源于这一时期的饮酒礼仪。通过前文已经了解到，"爵"是古代的一种酒器，三爵可以理解为三杯酒。周代的饮酒礼仪对于饮酒的时间、顺序、数量等都有严格的规定，"礼饮三爵"提倡人们饮酒三爵即止，不可过量，如果过量则违反了礼仪。

为了更好地规范人们饮酒的礼仪，不同朝代都曾设置了监酒官，在不同的朝代有不同的名称，监酒官的职责就是监督人们饮酒，维持饮酒的秩序。监酒官要求人们饮酒时既要适时，又要适量，如有违反，就要受到相应的惩罚。

在古代，正式宴会上一般都会有监酒官，有的也叫酒监、酒令、酒吏、明府等。酒令大如军令，历史上确实发生过违反饮酒秩序被监酒官斩杀丢了性命的事件。例如，西汉时期的齐悼惠王有个儿子名叫刘章，其为人果敢刚毅，有一次他被吕后任命为监酒官侍宴，大家开怀畅饮之际刘章发现吕后宗族中有一人因为醉酒逃席而去，刘章二话不说追上前去就将此人斩杀。吕后得知这一消息大惊失色，但刘章按照职责行事，吕后也不好发作。

清乾隆款黄釉涂金爵

古人饮酒提倡适量，虽然能多饮，但要有自制力，酒后要做到不失言、不失态。那些不遵守酒礼的人，醉酒之后仪容不整，又唱又跳，甚至狂呼乱叫，酒后失德，自古以来都是受到人们批评的。由此可见，监酒官的存在也是很有必要的，有了监酒官的存在，人们在饮酒时就不会"三爵不识"，贪得无厌。

汉绿釉耳杯

　　周代"礼饮三爵"的规范对于后世的饮酒礼仪影响颇深,监酒官的历史角色虽然不复存在,但在现代饮酒礼仪中仍然能找到一些影子。

酒谚拾趣

酒过三巡，菜过五味

　　"酒过三巡，菜过五味"，这是一句耳熟能详的酒场谚语。一些重要的宴会总是带有一定的目的，"酒过三巡，菜过五味"强调的是一场酒宴的酒局和饭局进行得差不多了，即将进入宴会的正题。"三巡"指的是主人给每位客人斟三次酒，同一个酒桌上，给每位客人斟酒一次如巡城一圈，斟过三次，客人把酒都喝光了，这就叫"酒过三巡"。同样，"菜过五味"指的是饭菜吃得也差不多了。"酒过三巡，菜过五味"之后人们已经酒酣耳热，吃吃喝喝的环节基本结束，接下来一般会进行一些目的性的事宜。

文人与酒礼

　　文人与酒注定有着不解之缘，产生了很多与酒相关的故事。文人雅士通常有着比较高级的审美情趣和文化心理，他们对饮酒的品质、同伴、环境、心境、时机都有很多讲究，这些审美上的选择体现了他们超脱世俗的理念，酒作为普通的饮品也在文人雅士的杯中演变成了风雅、诗意的代名词。

　　中国古代的众多文人雅士，无不对酒情有独钟，酒是他们抒发志向、寄托情怀的载体。从魏晋时期的竹林七贤到陶渊明，从唐代的李白、杜甫到宋代的苏东坡、李清照，再到清代文学家曹雪芹，对于他们来说可谓无酒不欢。

　　古代文人饮酒有其独特的礼仪规范，主人和客人一起饮酒时，双方要相互行礼致意。如果是晚辈与长辈饮酒，需要先行跪拜之礼，长辈令其举杯饮酒时方可举杯，如果长辈杯中酒还没喝完，晚辈决不能先饮尽，否则是十分失礼的表现。在酒宴上，如果有人敬酒，被敬酒

曹雪芹塑像

的人也要回敬，并说几句敬酒的话。有时候需要依次向每个人敬酒，也称行酒，敬酒者和被敬酒者在敬酒时都要起立，以示礼貌。敬酒要适量，不宜超过三杯。

指点迷津

"醉侯"刘伶其人

刘伶是魏晋时期的名士，"竹林七贤"之一，此人在历史上以喜欢饮酒而著名，被称为"醉侯"。刘伶推崇老庄之学，主张无为而治，但因得不到当权者重用转而追求逍遥自由的生活，嗜酒成性，放荡不羁。据说他每天乘坐着装满美酒的鹿车，纵酒游荡。还让随从跟随着他，告诉随从"死即埋我！"当时的许多士大夫对刘伶置生死于度外的豁达感到钦佩，称他为贤者。刘伶自称"天生刘伶，以酒为名"，关于他的故事流传至今。

文人多爱酒

酒品与酒德

酒品与酒德指的是一个人的饮酒品性和道德规范，这与一个人的自我修养密切相关。

酒能够联络情感，增进友谊，在一些特殊场合还有更加重要的意义，然而饮酒也要有一定的规范。拥有良好的酒品，崇尚良好的酒德，酒会成为我们生活中美妙的调味剂；如果不讲究酒品酒德，滥饮无度，酒就是一种害人的毒药。讲求酒品与酒德，要遵循以下原则。

一是量力而行。饮酒者要对自己的酒量有明确的概念，饮酒的快乐不在于多少，而在于适量。当饮酒量达到一个人最理想的状态，能够使人身心放松，享受片刻的惬意，对于健康也是有好处的。如果明知自己酒量不行，却硬着头皮非要多饮或无休止地饮酒，那结果必然会对自己的身心造成伤害。大醉之后举止不雅、胡言乱语、行为疯癫之人比比皆是，这些人要么喜欢赌酒争胜，要么借酒浇愁，要么酗酒无度，皆是不可取的。饮酒的意义在于获得愉悦感，不自量力、狂饮不止的行为则是本末倒置。

二是饮酒有度。饮酒有度强调的是一个人可能酒量很好，但也应该有自制力，虽擅饮但不可滥饮。大量饮酒必然对健康造成危害，另外狂饮之后难免生乱。自古至今，饮酒无度危及身心健康的人不胜枚举，其中不乏一些著名的历史人物。相反，自古酒量极宏却饮酒节制的名士，被人们传为佳话。

饮酒有节制，符合酒文化的传统。山东是中国文化的发祥地之一，酒文化在山东也有悠久的历史。春秋时期的孔子对饮酒就有相关论述，子曰："食不厌精，脍不厌细。……唯酒无量，不及乱。"（《论语·乡党》）"唯酒无量，不及乱"意在告诉人们，饮酒是因人而异的，每个人的酒量都不一样，但要做到不能喝醉失态，做出不合时宜的事情。饮酒是为了获得好的体验，赌酒好胜、一味狂饮是万万不可取的。

三是不可强劝。饮酒适量即可，每个人的酒量是不一样的，不能因为有人擅饮便要求同座之人都喝一样多的酒。强行劝酒是生活中人们十分忌讳的行为，平时聚会聚餐，大家坐在一起小酌一杯无伤大雅，但强劝他人同饮、多饮则是酒桌上的大忌。强行劝酒首先是劝酒的人酒品酒德不佳，其次会给对方带来不必要的伤害。现代社会因为劝酒酿成的悲剧比比皆是，因此聚会饮酒要保持理智，千万不能强人所难，劝人多饮。聚会小酌，赏心乐事，还是客随主便，自饮自斟为好。

饮酒要有度

理性饮酒，拒绝劝酒

"喝快酒"的危害

　　日常生活的餐桌上肯定少不了酒，科学饮酒对人体是有裨益的，反之则有害。饮酒时应遵循一些健康科学的方法，简单总结就是慢斟缓饮、酒食并用。另外还要注意饮酒适量而为，不可酗酒。品酒需要慢饮，就像古人所说：

"饮必小咽"。快速饮酒会伤肺，导致气短胸闷；快速饮酒还会伤胃，短时间大量饮酒容易引发急性胃炎；快速饮酒更会伤肝，大量酒精的刺激会让肝脏功能受损，长期不注意会导致肝硬化等疾病。所以，饮酒的时候一定要遵循慢饮、适度的原则。

饮酒有度，享受健康生活

第五章

推杯换盏，相沿成俗

饮酒是中国人的传统，不同场合、不同节日的饮酒活动具有丰富的文化内涵。饮酒也是一种民俗活动，酒与日常生活、礼仪风尚密切相关，没有酒很多社会活动也就无法进行。但凡尊祖祭天、祝寿贺喜、宴请亲朋，或是一年之中的各种盛大节日，中国人都要用酒来烘托气氛和寄托情思。

敬天尊祖，奉酒而祭

中国古代流行自然崇拜，人们认为自然界的万物都是上天孕育而成的，自然界的各种气候、灾害都是上天的旨意，为了求得风调雨顺、安居乐业，自古就有敬天的传统。在这种古老的仪式上，酒是必不可少的祭品，人们奉酒而祭，虔诚而庄重。

孔子云："慎终追远，民德归厚矣。"中国人向来有慎终追远、尊祖祭祖的传统。祭拜祖先时，要准备一些果品、菜品，水酒更是必不可少的。如果是先人去世，要为先人供奉灵台，摆上酒水、食物等祭品，另外还要摆酒席来款待前来吊唁的亲友。

在一些百姓的家中，祖先的灵台是常年供奉的，一般在先人的灵位前会放置蜡烛、香案，每逢清明节、中元节、寒衣节、春节等重大节日，或者是家庭有重大聚会活动的时候，要首先为祖先的灵台摆上酒菜，示意请祖先首先享用，在此之后，家里人才能饮酒进食。在祖先的灵位前放置一杯酒、若干供品，表达的是对先人的哀思和敬意，这是独属于中国人的文化传统。

以酒祭祖

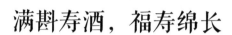

满斟寿酒，福寿绵长

　　中国人有给老人祝寿的习俗，中老年人逢五十、六十、七十岁的时候一般会摆酒庆贺，称为"大寿"。寿酒一般由老人的儿女、孙子等晚辈操办，邀请亲友前来参加。如果是年至耄耋的老人，每逢生日通常都会摆酒做寿，寓意祝老人身体健康、福寿绵长。寿酒表达了晚辈对于长辈的孝顺和祝福，对于家族和谐具有重要意义。

　　中国古代非常重视孝道，每逢老人大寿，晚辈必然要积极操办，一些家庭条件优越的人还会请来戏班，大摆宴席，亲朋好友前来道贺吃"寿宴"，宴会上越是饮酒尽兴越能营造出和谐的气氛，同时也表达了对老年人寿比南山的祝福。现代人则少了一些繁文缛节，但尊老敬老的传统是代代相传的。

为长辈祝寿

玉液琼浆，喜庆良缘

　　喜酒是婚礼的代名词，举办婚礼人们也常说办喜酒，参加婚礼被说成喝喜酒，可见酒在喜结良缘的婚礼上具有极为重要的作用。自古以来，不论家庭贫富，身份地位如何，只要是成亲就一定是要置办喜酒的。古人在洞房花烛夜都要以美酒来庆贺，夫妻双方还要饮交杯酒，以示相敬相爱、白头偕老。

　　交杯酒的历史最早可以追溯到西周时期，当时的人们把这种特殊的仪式称为"合卺"，卺是一种葫芦的名称，婚礼当日，人们会取一整个卺，在婚礼现场将其对半劈开，以红线将柄部相连，然后倒上甜酒，新郎新娘各执一瓢一饮而尽，寓意二人同甘共苦、患难与共。后来，盛酒容器越来越丰富，饮交杯酒的时候只需将酒杯用红线连在一起，新人同饮便可礼毕。

　　在现代社会，虽然婚俗有了一定的变化，但是办酒席招待亲朋好友、举杯庆贺是必不可少的。新郎新娘还要为宾客们敬酒，表达感谢，在新婚这一特殊的日子里，更要通过敬酒来对长辈表达敬意。

婚宴中酒为必备之物

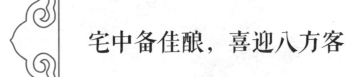

日常生活中人们经常会有各种聚会，宴请宾客的时候是不能少了酒的，宴席上有酒既是对客人盛情款待的表现，也是对客人的尊重。当朋友从远方而来，招待客人时少不了一壶好酒。知心好友一起饮酒，感情得到宣泄，交情日益深厚，酒也因此成了增进朋友之间感情的媒介。

宋代文学家苏东坡曾在他的《后赤壁赋》中描写过这样一个故事：

已而叹曰："有客无酒，有酒无肴，月白风清，如此良夜何！"客曰："今者薄暮，举网得鱼，巨口细鳞，状如松江之鲈。顾安所得酒乎？"归而谋诸妇。妇曰："我有斗酒，藏之久矣，以待子不时之需。"于是携酒与鱼，复游于赤壁之下。

一壶浊酒喜相逢

　　这段文字记录了东坡先生在与客人相约出游之时，虽有鲈鱼作为佳肴，却没有酒来助兴的尴尬情景，因此他只能回家向夫人求助。苏夫人告诉他，自己藏了一斗酒，专门用来准备在东坡先生需要的时候拿出来应急。这样，众人就拿着酒和鱼，再一次游览了赤壁。这虽然是极小的一件生活琐事，但充分证明了家中藏酒的重要性。如果苏夫人拿不出这坛酒，夜游赤壁的计划可能也就作罢了。

　　现代人也非常重视备酒和藏酒，很多人会专门设计不同材质、不同造型的酒柜，来收纳各种美酒，为生活增添情趣。家中备有好酒，如果有客人来到家中，就不会因为没有好酒而略显尴尬了。

酒后吐真言

　　人们常说酒后吐真言，也有人说酒后说胡话，到底哪一种才是真的呢？不管是吐真言还是说胡话，其原因都在于酒精对于人大脑的麻醉作用。人在清醒状态下是十分理智的，当开始喝酒时，酒精就会随着血液循环到大脑，扰乱大脑的化学物质平衡。当一个人处于微醺状态时，会表现出轻度兴奋，会谈论一些平时敢怒而不敢言的人或事，此时的言行还处于可控阶段。而当他饮酒过多，处于重度兴奋状态时，就会说一些平时埋藏在内心不说的"真话"，此时他已经完全失去对大脑的控制了。

酒可让人"吐真言"

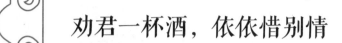

劝君一杯酒，依依惜别情

一杯酒承载了太多的文化意蕴，当有亲朋好友要奔赴远方的时候，人们同样会设酒款待他，希望他此行能顺利，并在异乡多多保重。

设酒饯行的习俗自古有之，这在历代的文学作品中都能看到，其中最著名的当数唐代诗人王维的《渭城曲》："渭城朝雨浥轻尘，客舍青青柳色新。劝君更尽一杯酒，西出阳关无故人。"与老朋友惜别，西出阳关，怕他远行之后难以见到故人，唯有更尽一杯酒才能表达对他的牵挂。这首诗表达了千千万万人对于送别的心声，被后人谱上了乐曲广为传唱，称为《阳关三叠》。除了阳关之外，十里长亭也是离别时的经典场景，长亭是摆酒为朋友饯行的地点，慢慢也就演变成了离别的代名词。

阳关故址

长亭送别

送别置酒既是对朋友的关切，也是对朋友的不舍。我们在生活中如果有朋友要远行，要出差一段时间，或者是久别重逢的朋友即将离开，都要为他置办一桌好酒。平日里朋友之间不会把感情显露在外，但在离别饯行的时候通过酒能够得到充分的体现。在人们饮酒的过程中寄托了离愁，表达了祝福，诉说着美好的回忆，同时也充满了对未来的无限憧憬。

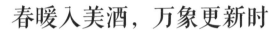

春暖入美酒，万象更新时

宋代王安石曾经写过一首《元日》："爆竹声中一岁除，春风送暖入屠苏。千门万户曈曈日，总把新桃换旧符。"这首诗描写了大年初一新春伊始、万象更新的情景。其中的"春风送暖入屠苏"指的是在和煦的春风当中，人们拿出了新酿的屠苏酒饮用，庆祝这美好的时刻。

春节是中国历史最悠久的节日，也是一年当中最重要的节日，春节饮酒的习俗从古代流传至今。新春第一天饮酒，除了烘托欢乐的节日气氛之外，还有驱邪辟邪、养生保健的功效，这一天饮用了屠苏酒，一年平安，百病不生，表达了人们的美好愿望。

在当代，春节饮酒也是普遍流行的，辛苦忙碌了一年，在春节期间亲朋好友欢聚一堂，品饮着珍藏的佳酿，其乐融融。春节走亲戚串门，也少不了带上两瓶好酒，表达对亲友的祝福。

新春佳节，辞旧迎新

什么是"屠苏酒"

屠苏原本是一座草庵的名字，相传在古代有一个人住在这个草庵当中，每到除夕的时候他会给周边的村民一家分发一包草药，并告诉村民要把这种草药泡在酒里，大年初一全家人一起饮用此酒，可以远离瘟疫，不生病。村民们按照他的说法去做，果然达到了驱除邪祟、百病不生的效果。人们为了纪念这个人就将这种酒命名为"屠苏酒"，"屠苏酒"实际上就是一种具有保健功能的药酒，在中国古代十分流行。

屠苏酒

清明日对酒，人生须当醉

在我国民间，清明节也有饮酒的习俗，唐代诗人杜牧的《清明》十分脍炙人口，诗中写道："清明时节雨纷纷，路上行人欲断魂。借问酒家何处有，牧童遥指杏花村。"诗人寻找酒家向牧童问路的情景活灵活现，情趣盎然。

清明时节正是草长莺飞、春景绝佳的时刻，同时也是思念亲人、祭奠先辈的节日。清明饮酒的原因基本有以下三点：

第一，酒自古与礼密切相关，酒具有多重文化内涵，清明节可以用酒来祭奠逝去的亲人，人们也通过饮酒来表达对逝去亲人的追思。

第二，清明时节尚有春寒，并且寒食期间人们只能吃冷食，不能生火做饭。饮酒可以驱寒，具有养生保健的功效。

第三，清明时节人们喜欢踏青春游，一览春光，在这美好的时节饮酒可以助兴、增添情趣。

清明习俗

"杏花村"在哪里

　　杏花村是一个让人们联想到好酒的地名，但是历史上在不同的地区出现了多个"杏花村"。其中，山西汾阳杏花村是汾酒的原产地，杏花村酒工艺精湛，令人回味无穷，山西杏花村也因此享誉海内外；湖北岐亭杏花村处于洛阳至黄州的交通要道上，这里小桥流水、风景秀美、古意盎然；安徽池州杏花村饮誉天下，至今仍有许多游客慕名前来观光游览。当年诗人杜牧诗中的"牧童遥指杏花村"到底指的是哪一个，现如今已经是仁者见仁，智者见智了。

安徽池州杏花村

端午佳节日，举杯共欢饮

端午节又叫端阳节，是为了纪念伟大诗人屈原而设立的节日。屈原由于"信而见疑，忠而被谤"，自投汨罗江而死，当地民众为了保护他的尸体不被鱼虾咬食，就往江里倒入了稻米和酒。从此以后，端午节也成了一个粽香酒浓的节日。

随着时间的推移，端午饮酒最重要的目的在于驱邪、辟邪、除虫，所以古代的人们会饮用菖蒲酒和雄黄酒。

菖蒲酒在中国古代很长时间内十分流行，是一种传统的时令饮料。后来的人们更多的是饮用雄黄酒，按照民间说法，"饮了雄黄酒，百病都远走"，这其实是老百姓的一种美好愿望。雄黄酒是用雄黄粉末炮制的白酒或黄酒，在中国传统名著《白蛇传》中曾经描写了端午时节，白娘子误饮雄黄酒而现出原形的故事，由此可见，雄黄酒辟邪的功效是深受民众信赖的。此外，人们还会把雄黄的粉末撒在蚊虫容易出现的角落里，会产生很好的防虫效果。但是后来经过医学证明，雄黄具有一定的毒性，人们就很少饮用雄黄酒了，端午节会饮用其他酒类增加节日的气氛。

　　端午饮酒历来是中国人的传统，通过饮酒表达对生活的向往，是一件实在又美好的事情。

端午节粽香酒浓

饮了雄黄酒，百病都远走

中国古代很长时间内，人们都在端午节饮用雄黄酒，认为雄黄酒能祛除疾病，使人们身体健康。如果是不能饮酒的小孩子，大人会在他们额头涂抹一些雄黄酒，认为这样可以祛病辟邪。

但是现代科学研究证明，雄黄的成分是四硫化四砷，加热分解后会产生剧毒三氧化二砷。雄黄在医学上确实有应用，少量使用对于一些疾病的治疗有帮助，但大量使用则会有中毒的危险。

俗语说，"饮了雄黄酒，百病都远走"，这是缺乏科学依据的。雄黄作为一种含砷的有毒物质，人体摄入后会危害健康。随着人们科学认知水平的提高，现代社会已经很少有人饮用雄黄酒了。

现代科学证明雄黄酒不宜饮用

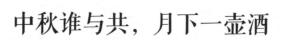

中秋谁与共，月下一壶酒

中秋节又称团圆节，农历八月是秋季三个月中间的一个月，故而叫"中秋"。中秋节对于每一个中国人来讲都具有非常重要的意义，它是亲人团聚的节日，同时也是漂泊在外的游子思乡的时刻。无论身处何方，无论是亲友相聚还是独自一人，在中秋节都要品尝月饼、饮酒赏月、对景抒怀。

"明月几时有，把酒问青天"，中秋饮酒既是一种欢聚，又含有一些无奈和惆怅。尤其在现代社会，人们平日繁杂的事情非常多，在重大节日中不一定能与亲人相聚，只能通过一杯水酒、一轮明月表达对亲人的情意。今夜月明人尽望，不知秋思落谁家，中秋节品饮一杯美酒，大概是最好的情感寄托。

中秋佳节品美味、饮美酒

中秋节也正是桂花飘香的时节，我国自古就有用桂花酿酒的习俗。《楚辞》中有"奠桂酒兮椒浆"的记载，说明桂花酒的历史是十分悠久的。文献中曾有记载："于八月桂花飘香时节，精选待放之花朵，酿成酒，入坛密封三年，始成佳酿，酒香甜醇厚，有开胃、怡神之功。"直至今日在很多地方中秋节还有饮桂花陈酒的习俗，桂花酒香气优雅，口感不浓烈，适饮人群广泛，尤其受到女性朋友的喜爱。

桂花米酒

桂花果酒

佳节又重阳，醉卧东篱下

重阳节是每年农历的九月初九，所以也叫重九节。"九九"与"久久"谐音，有长久长寿之意，常在这天进行敬老活动，所以重阳节也叫作老年节。在这一天人们要登高望远、赏菊花、饮用菊花酒。

人们认为饮用菊花酒可以延年益寿，促进身体康健。明代医学家李时珍在《本草纲目》中说常饮菊花酒可"治头风，明耳目，去瘘，消百病""令人好颜色不老""令头不白""轻身耐老延年"。

除了强身健体之外，饮用菊花酒还具有祛灾祈福的寓意，因此在民间具有很广泛的群众基础，菊花酒也是一种吉祥之酒。

从古至今的人们历来喜欢在重阳节饮酒，重阳登高望远的人们也会寄托对远方亲友的思念之情。重阳节登高、赏菊、插茱萸、饮酒的形式至今经久不衰。王维的"独在异乡为异客，每逢佳节倍思亲"表达的是对兄弟的思念，李清照的"东篱把酒黄昏后，有暗香盈袖。莫道不消魂，帘卷西风，人比黄花瘦"表达的则是对丈夫的思念之情。

在当代，重阳节除了会进行传统的纪念活动外，人们还热衷于在秋高气爽的时节品尝海鲜，尤其是此时螃蟹十分肥美，值得品尝。从中医角度讲，螃蟹性寒凉，吃多了会郁结体内，对身体造成不好的影响。但智慧的中国人发现，黄酒性温和，能中和螃蟹的寒凉，在秋季品尝海鲜的时候，温上一杯黄酒佐餐，实在是完美搭配，这种感觉妙不可言。

重阳饮用菊花酒

菊花酿酒醉重阳

食蟹饮黄酒

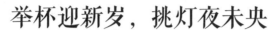

举杯迎新岁，挑灯夜未央

  每年的大年三十除夕夜，中国人有守岁的习俗，守岁即整夜不睡，熬个通宵，守岁的过程中自然是要饮酒的。人们在除夕夜回顾过去、展望未来，这是一年当中非常重要的时刻。唐代诗人白居易在《客中守岁》一诗中写道："守岁尊无酒，思乡泪满巾。"可见除夕饮酒是中国人的传统。身在他乡的人用酒来排遣思乡的愁绪，已经和家人团圆的人用酒来庆祝来之不易的团聚。

  古代的时候除夕夜要用酒来祭祀，常用的酒是屠苏酒和椒柏酒，事实上这些酒在大年初一也会用到。除夕，一家人其乐融融，品尝着美味的年夜饭，喝着一年到头的团圆酒。晚辈一般要给长辈敬酒，祝他们新的一年身体健康、幸福长寿，这一习俗一直延续至今。除夕辞旧迎新，欢乐无限，美满的团圆酒预示着来年美好的生活。

除夕夜欢聚一堂

第六章

曲水流觞，佐酒助兴

中国人是讲究情调的，人们通常会在饮酒的过程中安排一些游戏，通过不同形式的游戏活跃气氛、增添趣味，让饮酒这件原本单调的事情变得丰富多彩、情趣盎然。饮酒行令就是酒宴上常用的游戏形式，行酒令为的是获得更好的饮酒体验，自古以来名人饮酒也创造了无数传奇佳话，同时也为后人带来了各式各样雅俗共赏的酒令游戏，至今仍然十分流行。

饮酒行令，古已有之

酒令是从古代沿袭至今在宴会上用于饮酒取乐的游戏，它有助酒兴、愉悦畅饮气氛、打破饭桌上的僵局、增进友谊等功能。酒令的形式多种多样，妙趣横生，不同的人有不同的喜好。文人雅士有高雅的酒令，市井百姓有简洁的酒令，不论是哪种形式，都是饮酒艺术与中国人聪明才智的结晶。饮酒行令是何人发明的已经不可考证，但这一传统自古有之，历史上也有很多行酒令的故事。

中国古代有"流觞曲水"的故事，这其实就是一种行酒令的方式，是由一些文人创造出来的。王羲之《兰亭集序》中写道："此地有崇山峻岭，茂林修竹，又有清流激湍，映带左右，引以为流觞曲水，列坐其次。虽无丝竹管弦之盛，一觞一咏，亦足以畅叙幽情。"宴饮的人们列坐在回环弯曲的水渠旁，将酒杯放在水上，让酒杯自行漂浮，酒杯顺着水流停留在某个人面前，则由他取饮。饮酒的同时还要作一首诗词为众人助兴，如此循环往复，直到所有人都畅饮尽兴，这实在是一种非常雅致的饮酒行令的方式。

北京故宫乾隆花园禊赏亭内的流杯渠

在饮酒群体最为广泛的民间同样流行着五花八门的酒令，广大劳动人民没有很高的文化素养，性格与文人雅士也大有不同，很多人喜欢简单快捷的酒令，只求痛快。划拳是一种非常常见并且喜闻乐见的酒令形式，不同的手势代表着不同的含义，快速分出胜负，决定饮酒的先后和罚酒的多少。甚至有一些人连划拳都觉得麻烦，干脆将一些酒桌上的俗语、市井俚语搬上来，举杯欲饮之时，嘴里喊起"感情深，一口闷；感情浅，舔一舔"等通俗却有趣的酒辞。

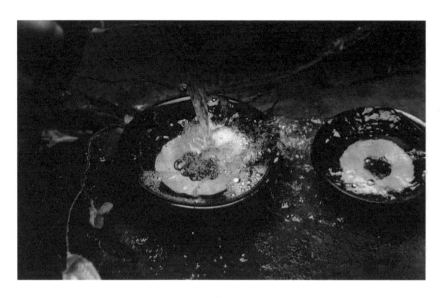

对饮

　　行酒令让饮酒过程更有趣味，使人们从中获得乐趣，同时它需要人们具有敏捷的思维、机智的反应、过人的才华，唯有如此才能在行令过程中立于不败之地。古代行酒令时通常会推举一人为酒令官，其他人都要听从酒令官的指挥，遵守规则，按照行酒令的形式，有违令或者不能完成的人就要被罚酒，如果是遇到可喜可贺的事情则众人同饮，按照酒令官掌握的节奏进行酒令游戏，既能保证饮酒的公平性，又增添了喜庆欢饮的乐趣。

举大白，听金缕

最早的酒令——"画蛇添足"

　　"画蛇添足"这个成语为人们所熟知，比喻所做的事情没有意义，多此一举。事实上这个故事可以看作中国古代最早的酒令，在《战国策》中就已经有了记载。说的是众人得到了一壶美酒，但是人数太多没办法分，大家就约定谁先画出一条蛇来这壶酒就归谁所有，于是所有人按此照做。其中一个人很快就画好了一条蛇，他见其他人还没画完就暗自窃喜，正想去拿酒饮用却突发奇想，他要给这条蛇添加几个"足"，而正当他画"蛇足"的时候，旁边一个人的蛇画好了，笑道："蛇本来就没有脚，你怎么能给它添脚呢？"说完便拿起那壶酒一饮而尽，画蛇添足者痛失美酒，后悔不已。

文采飞扬的雅令

雅令，顾名思义，就是高雅的酒令，这种类型的酒令主要流行于文人群体或者是有一定文化修养的人群之间，要求人们才思敏捷，饱读诗书。比较常见的有飞花令、成语回环令等。

"飞花令"这一酒令的名字源于唐代诗人韩翃《寒食》中的名句"春城无处不飞花"。行飞花令需要饮酒者有比较好的诗词积累。行飞花令要求令官指定一关键字，众人行令时，说出的诗句中要带有这个字才算过关，如果有人答不上来就要被罚酒。最初，人们行飞花令时，对于关键字的顺序也有严格要求，如以"花"为关键字，第一人说"花谢花飞飞满天"，第二人需要让"花"字作为诗句的第二个字出现，如"桃花潭水深千尺"，第三人则可以说"不是花中偏爱菊"，第四人说"流水落花春去也"，以此类推"不知近水花先发""千树万树梨花开""深巷明朝卖杏花"。这七句诗中"花"出现的顺序分别排在了不同的七个位置，循环往复，直到有人不能对答，则被罚酒。

严格要求关键字的顺序相对来说有一定难度，有时人们为了更加快捷有趣，行飞花令只需带有关键字即可，这样气氛也更加活跃，参与感更强，如以"酒"为关键词行令：

对酒当歌，人生几何。（曹操《短歌行》）

岑夫子，丹丘生，将进酒，杯莫停。（李白《将进酒》）

艰难苦恨繁霜鬓，潦倒新停浊酒杯。（杜甫《登高》）

绿蚁新醅酒，红泥小火炉。（白居易《赠刘十九》）

葡萄美酒夜光杯，欲饮琵琶马上催。（王翰《凉州词》）

借问酒家何处有，牧童遥指杏花村。（杜牧《清明》）

一曲新词酒一杯，去年天气旧亭台。（晏殊《浣溪沙》）

明月几时有，把酒问青天。（苏轼《水调歌头》）

昨夜雨疏风骤，浓睡不消残酒。（李清照《如梦令》）

桃李春风一杯酒，江湖夜雨十年灯。（黄庭坚《寄黄几复》）

成语回环令相对来说更容易理解，简单来说就是成语接龙，要求上一个人说出的成语最后一个字要成为下一个人所说成语的第一个字，循环往复，很有乐趣，如果有人不能接上则需要被罚酒。例如：

春风得意、意气风发、发扬光大、大展宏图、图穷匕见、见微知著、著作等身、身体力行、行色匆匆、匆匆忙忙、忙里偷闲、闲云野鹤、鹤立鸡群、群龙无首、首屈一指、指鹿为马……

另外有一些学识渊博的人还能创造出各式各样的雅令，普通人很难参与。例如《红楼梦》第六十二回《憨湘云醉眠芍药裀，呆香菱情解石榴裙》中，在贾宝玉的生日宴会上，史湘云创造了一个酒令，要求是：按照顺序各说出一句古文、古诗、骨牌名、曲牌名、一句时宪书上的话，共凑成一段话，要文通意顺，整体连贯。这可难住了众人，林黛玉、史湘云才思敏捷，很快都说了出来，林黛玉的酒令是："落霞与孤鹜齐飞，风急江天过雁哀，却是一只折足雁，叫的人九回肠，这是鸿雁来宾。"史湘云的则是："奔腾而砰湃，江间波浪兼天涌，须要铁锁缆孤舟，既遇着一江风，不宜出行。"这种满嘴诗词歌赋的酒令终归还是曲高和寡，在宴会之上还是需要一些雅俗共赏的酒令的。

三杯两盏淡酒

酒谚拾趣

旧瓶装新酒

　　这句俗语或者说成语是日常生活中经常用到的，原本它是源于西方的，在中国被广泛使用后有了自己独特的含义。在中国民间有售卖散装酒的习惯，人们装散装酒的时候会用一些以前的酒瓶子，这样就让旧瓶装上了新酒，当要好朋友之间一起饮用时，发现瓶中的酒并不是原来的酒，这也是一种惊喜和乐趣。随着这句俗语含义的扩大，现在一般用旧瓶装新酒来形容用旧形式表现新内容。

劝君更尽一杯酒

雅俗共赏的筹令

饮酒之时觥筹交错，觥指的是酒杯，筹指的是行酒令所用的道具。筹令是先将酒令写到酒筹之上，人们按照酒筹上文字的规定进行饮酒的方式。筹令具有很大的运气成分，由于它的不确定性，使筹令游戏充满了惊喜和刺激，又由于它简单易行，受到了许多饮酒者的欢迎。筹令有很多种形式，人们也可以自行发明，在酒筹上做相应规定。流传下来的筹令有捉曹操令、访黛玉令等，都是根据历史人物关系和经典故事情节安排的情节规定。

《红楼梦》六十三回《寿怡红群芳开夜宴，死金丹独艳理亲丧》中，特别详细地描述了众人使用筹令饮酒的情景。众人在怡红院围桌而坐，按照顺序轮流抽签，花名签上有不同的花，同时写有不同的饮酒规定，妙趣横生。众人抽到的酒筹和内容为：

宝钗：牡丹，"艳冠群芳"，签语"任是无情也动人"，在座众人共贺花王，众人共饮一杯，得此签者可指定人抽签。

象牙雕酒令筹盒

探春：杏花，"瑶池仙品"，签语"日边红杏倚云栽"，得此签者，必得贵婿，众人同饮。

李纨：老梅，"霜晓寒姿"，签语"竹篱茅舍自甘心"，自饮一杯，下家抽签。

湘云：海棠，"香梦沉酣"，签语"只恐夜深花睡去"，得此签者不必饮酒，需要上下两家各饮一杯。

麝月：荼蘼，"韶华胜极"，签语"开到荼蘼花事了"，要求在座众人同饮三杯贺春。

香菱：并蒂花，"联春绕瑞"，签语"连理枝头花正开"，得此签者须连饮三杯，众人陪饮一杯。

黛玉：芙蓉，"风露清愁"，签语"莫怨东风当自嗟"，自饮一杯，牡丹陪饮一杯。

袭人：桃花，"武陵别景"，签语"桃红又是一年春"，要求杏花陪饮一杯，在座同庚者、同辰者、同姓者共饮一杯。

由此可见，筹令的设计者费尽心思，通过这种不确定的巧合，活跃了饮酒时的气氛，使得酒席上欢喜无限、妙趣横生。

北京大观园中的怡红院

增添乐趣的骰令

　　骰子是一种简单易行的行令道具，通常是六面正方体，每个面上有从 1 到 6 的点数，用骰子比点数分胜负，极为快捷，许多人喜欢采用这一形式。

　　古代骰令还有很多花样，例如"燕雁齐飞令"就很有特色。行令方法：在座每人一枚骰子，同时起掷。规定："幺"为月，"二"为兔，"三"为雁，"四"为红，"五"为梅，"六"为绿。在众人掷骰子的同时，令官口宣："梅靠东墙"，此时，凡掷得"五"点的人，皆靠东墙而立，其余的人继续掷骰。掷到不同的点数令官就会宣读不同的口令，在座的人们就要按照相应的规定去配合。骰令简单易行，人们的参与性很高，同时又充满了许多乐趣，是宴会上经常使用的酒令形式。

不同酒类的品饮温度

中国是酒的国度，酒的种类五花八门，然而不同种类的酒在特定的温度下饮用才能达到最佳的品饮体验。白酒酒性烈，适合温热后饮用，进入体内后酒性发散，身体会十分舒服，建

玉杯斟满琥珀光

议在 40℃ 到 50℃。黄酒虽然温和，但也能快速散发酒性，尤其与生冷食物同食也应热饮，建议 40℃ 到 50℃。葡萄酒属于果酒，在相对较低的温度下能保持充分的果香，建议品饮温度为 12℃ 到 18℃。啤酒不可加热，常温下饮用即可感受到浓郁的麦香，一些人还喜欢喝冰镇啤酒，在炎炎暑日也是不错的选择。

活跃气氛的通令

　　酒席上还有很多通令，其特点是简单易行，参与性强，活跃气氛的效果好，也是经常被人们使用的酒令，如投壶、抽签、猜数、划拳、击鼓传梅等。

　　投壶在古代是一项十分常见的娱乐项目，规则简单，有着悠久的历史。游戏过程中，投手执箭矢，从一定距离外抛向壶中，最后以抛入壶中的箭矢数量最多者为优胜，投壶输掉的一方则要按规定罚饮酒。

　　抽签、猜数等形式类似于筹令，但人们会精简其形式，采取更加快捷、通俗的方式，这样方能畅饮。

　　划拳饮酒有非常广泛的群体，一些喜欢划拳的人嘴里常说"五魁首""八匹马"，乐此不疲。划拳的规则是，参与者迅速说出彼此挥出的手势数字之和，说错的便要饮酒以作惩罚。现代酒令以四字为标准，如果为三字，就在末尾加上"啊"字，使酒令更为整齐规整，如果为两字，就用重复的方式营造整齐的节奏感。划拳饮酒，酒桌上时

西汉铜投壶

刻洋溢着欢乐的氛围。

击鼓传梅适用于人数较多的酒桌之上，大家围坐在一个大的桌子周围，一枝梅花不断地在人们手中传递，循环往复，负责击鼓者控制节奏，鼓声停止时梅花落在某个人手中，他就要饮酒，有的时候还会让他表演节目，或者说一些酒辞，这样的氛围下众人欢聚一堂，无限美好。

能饮一杯无

酒谚拾趣

今朝有酒今朝醉

这句脍炙人口的名句出自唐代诗人罗隐的《自遣》："今朝有酒今朝醉，明日愁来明日愁。"诗人在当时的社会环境下，政治失意、对时局感到失望，只能是借酒聊以自遣排解，表达了诗人的洒脱和率直，同时也流露出无奈与感伤，不如及时行乐，享受人生。随着时代的发展，这句名言的词义逐渐演变，如今经常用来比喻得过且过、只顾眼前快乐，没有长远打算的人，可见在现代社会，"今朝有酒今朝醉"的行为是不可取的。

第七章

对酒当歌，人生几何

"酒醒还醉醉还醒，一笑人间今古。"酒一经诞生就得到了人们的喜爱，人们对酒的青睐和追捧经久不衰。酒似乎有一种神奇的魔力，世人皆知过量饮酒的危害，但这杯中之物却让形形色色的人深陷其中，无法自拔。这不禁让我们产生了千古一问：人们为什么要喝酒呢？这实在是一个过于复杂的问题，也许从那些钟情于酒的文人墨客身上能够找到答案。

文人与酒

文人与酒有着天然的联系，文人墨客讲究情趣，许多名士性格洒脱不羁，也有一些人多愁善感，这都会让他们毫无悬念地爱上饮酒，无论是借酒浇愁、借酒抒怀，还是借酒自遣、及时行乐，文人多嗜酒是中国酒文化的重要特点之一。

酒香书韵

陶渊明醉卧东篱下

　　陶渊明是东晋著名诗人，是中国历史上最为人所熟知的隐士，他因为深感社会的黑暗，不为五斗米折腰，毅然辞官而去，从此隐居东篱。陶渊明在东篱之下种植菊花，从此菊花也成了隐逸之花。他虽然过着普通百姓一样的日子，却安贫乐道、淡泊洒脱，每日耕田劳作，十分享受这种生活。他还写过著名的《桃花源记》，为世人描绘了一个人人向往的世外桃源，让无数后人找到了最美好的心灵世界。

　　陶渊明隐居于东篱之下，每日除了劳作，最大的爱好则是饮酒赋诗，他在《五柳先生传》中对自己的描述是"造饮辄尽，期在必醉。既醉而退，曾不吝情去留。"意思是每次饮酒必然喝醉，醉酒后拂衣而去，逍遥洒脱。陶渊明曾经以《饮酒》为题写下了二十首诗，可见他对酒的喜爱非同一般。陶渊明常醉卧东篱之下，在自己的世外桃源安然享受着心灵世界的美好。

陶渊明雕像

李白斗酒诗百篇

　　李白是唐代浪漫主义诗人，他传奇的一生和流传下来的诗词歌赋与酒有着密切联系。李白一生嗜酒如命，与他相关的诗作、故事从来没有离开过酒。不论是在得意时还是失意时，总有一杯酒与他相伴。李白不论求仕还是隐居，不论富有还是困厄，不论游历还是闲坐，真的是无酒不欢。

　　李白喜欢游历名山大川，作为一名侠客式的诗人，他每到一处必然留下流传千古的诗作，而酒在他创作诗歌的过程中发挥了极其重要的作用，他创作的《月下独酌》《将进酒》《金陵酒肆留别》等诗作，正是饮酒后有感而发的经典。杜甫曾经写诗赞李白："李白斗酒诗百篇，长安市上酒家眠。天子呼来不上船，自称臣是酒中仙。"可见，李太白斗酒诗百篇是世人皆知的。

四川江油李白故里

杜甫忧思饮苦酒

杜甫生活在唐朝由盛而衰的历史时期，他的一生过着颠沛流离、忧国忧民的生活，总体来说，杜甫的一生是凄惨苦闷的。杜甫被后人誉为"诗圣"，是因为他的作品关心人民疾苦，反映了社会的现实，揭露了政局的黑暗，表达了对广大人民的同情。在杜甫苦闷的一生中，酒也成了他生活中不可或缺的伙伴。

杜甫草堂

杜甫所饮之酒，多是苦酒、愁酒，当他看到社会上穷人和富人的差距时写下了"朱门酒肉臭，路有冻死骨"；当他逐渐老去，对现实无可奈何时则写下了"莫思身外无穷事，且尽生前有限杯"；当他身染重病，秋日登高时写下了"艰难苦恨繁霜鬓，潦倒新停浊酒杯"。杜甫生平唯一一次快乐的饮酒，大概就是当他听说朝廷的军队收复了河南河北等失地时，喜极而泣，开怀畅饮，"白日放歌须纵酒，青春作伴好还乡"，虽然是快乐的酒，对于杜甫本人来讲，这只是他苦闷生平的一部分。凄惨、苦闷、忧思与杜甫相伴一生，也许饮酒是能让他得以排解愁闷的一种方式吧。

苏东坡一尊酹江月

苏东坡是宋代大文豪，唐宋八大家之一。他的一生仕途坎坷，但他所到之处，诗酒相伴，处处散发着文化名人的魅力。苏东坡二赴杭州为官，有感于西湖美景，还组织民众对西湖进行整治，创造了著名的西湖十景之一——苏堤春晓。在杭州苏东坡曾写过《饮湖上初晴后雨》《与莫同年雨中饮湖上》等名作，看来携酒游西湖是一件无比惬意的事情。

苏东坡文学创作的巅峰是他经历乌台诗案后被贬黄州期间，他在黄州并没有实际权力，不能参与政事，因而整日无所事事，他深入民间了解民众疾苦，将身心交给大自然，纵情山水。在黄州期间，他的精神世界得以升华，逐渐由最初的悲愤、苦闷转为后来的豁达、洒脱。苏东坡经常夜饮而归，他曾写道"夜饮东坡醒复醉，归来仿佛三更，家童鼻息已雷鸣，敲门都不应，倚杖听江声"，平日醉饮而归，三更才回家，敲门时家童早已睡熟无人应答，因此便安然在江边听水声，此时的苏东坡作品里已经少了年轻时的狂傲和讽刺，转为人世间和谐的情感，那是一种容纳一切的大爱。

西湖十景之苏堤春晓

《念奴娇·赤壁怀古》和前后《赤壁赋》无疑是苏东坡带给世人最大的惊喜，在这些作品中，东坡先生都有酒相伴。在《前赤壁赋》中，众人探讨了宇宙人生的奥秘，境界高妙，在欣赏大自然的美景之时"肴核既尽，杯盘狼藉，相与枕藉乎舟中"，一个个喝得东倒西歪，欢饮而归。《后赤壁赋》中众人为了重游赤壁，进行了一番准备，客人带了一条鲈鱼，却没有酒，最终还是苏夫人拿出了家中珍藏的一坛酒，才成就了这一次夜游赤壁的佳话。《念奴娇·赤壁怀古》则是东坡先生最具代表性的豪放词作，他有感于大江东去、波澜壮阔、一往无前的豪迈，联想到三国时期的英雄人物，不禁怀古感叹。当他想到自己的志向无法实现时，则发出了"人生如梦，一尊还酹江月"的喟叹。苏东坡的诗酒人生，处处体现着他的妙笔生花和旷达洒脱。

湖北黄冈东坡赤壁古建筑

 ## 李清照诗酒飘零人

李清照生活在宋朝动乱的时代，她是一代才女，留下了许多著名的词作。在人们固有的印象里，一代才女应该是端庄的大家闺秀，似乎与酒没有太大关系。然而恰恰相反，李清照的一生始终与酒相伴，无酒不欢。李清照早年生活安稳，金兵南侵之后过着颠沛流离的生活，她极为好酒，许多词作中几乎处处都能看到酒的存在。

李清照故居的漱玉泉

李清照早年作品中充满着快乐和闲适，"常记溪亭日暮，沉醉不知归路""昨夜雨疏风骤，浓睡不消残酒"，此时的酒是快乐的欢饮之酒，可谓少年不识愁滋味。

南渡以后，李清照词风转变，自身生活的不幸与政局的动乱让这位女词人满怀愁绪，"三杯两盏淡酒，怎敌他、晚来风急""故乡何处是，忘了除非醉"，此时的酒则是借酒浇愁，是愁苦心境的真实写照。纵观李清照的一生，早年的安稳幸福与晚年的颠沛流离形成了鲜明对比，唯有一壶酒是她人生中未曾缺席的伙伴。

李清照雕像

 辛弃疾醉酒抒豪情

　　辛弃疾是南宋著名词人，同时也是一位文武双全的词坛将军，他生活在宋金对峙的时代，一生以抗击金兵、收复失地为远大志向。辛弃疾是山东人，有着豪迈果断的性格，在壮志难酬、抱负不得施展的岁月中，他只能饮酒以抒怀。"醉里挑灯看剑，梦回吹角连营。八百里分麾下炙，五十弦翻塞外声，沙场秋点兵"，辛弃疾在醉酒之时仍然心系上阵杀敌，词中描绘的军旅场景时常令他向往，但这也只是他的一个美梦而已。辛弃疾一生的事业未能实现，常饮酒喟叹，抒发豪情，原本想在战场上建功立业的将军却在词坛留下了浓墨重彩的一笔。

济南辛稼轩纪念馆

什么是"二锅头酒"

　　二锅头酒在生活中十分常见，但大多数人只闻其名，却不知其名字的由来。白酒在烧制过程中，烧酒原料通常要经过五到六次发酵和上锅。最开始流出的部分叫作"锅头"，此酒浓度高，数量少。"二锅头"则是酒原料在第二次烧制时的锅头酒，这个酒味道纯正、醇厚绵香，酒精度虽高却不烈，二锅头酒将酒原料中的精华部分充分提取了出来，是白酒中的精品。

壶中有乾坤

诗词与酒

中国的文人墨客都爱酒，因此在文学上产生了许多与酒相关的诗词歌赋，人们高兴时饮酒，伤心时饮酒，不同的情绪之下酒的滋味也各不相同。酒是情感的调节剂，也是人们内心情感的写照。

 离别之酒

离愁别绪，人之常情，当人们即将分别之时都会摆酒饯行，诗词中的离别之酒更是数不胜数。

渭城曲

唐·王维

渭城朝雨浥轻尘，客舍青青柳色新。

劝君更尽一杯酒，西出阳关无故人。

唐代王维的这首《渭城曲》又名《送元二使安西》，可以说是千古送别诗的绝唱，人们有感于"劝君更尽一杯酒，西出阳关无故人"的情感，将这首诗谱成乐曲，每当有送别场景时多有传唱，经久不衰。

雨霖铃

宋·柳永

寒蝉凄切，对长亭晚，骤雨初歇。

都门帐饮无绪，留恋处，兰舟催发。

执手相看泪眼，竟无语凝噎。

念去去，千里烟波，暮霭沉沉楚天阔。

多情自古伤离别，更那堪，冷落清秋节！

今宵酒醒何处？杨柳岸，晓风残月。

此去经年，应是良辰好景虚设。

便纵有千种风情，更与何人说？

宋代柳永的这首《雨霖铃》将儿女情长的离愁描绘得十分细腻，作者通过"寒蝉""长亭""骤雨"等意象渲染出了离别的气氛，饮酒无绪，想留下却又催着出发，只能依依惜别。离别后，无限伤感，临别饮酒过多，酒醒之时唯有"杨柳岸，晓风残月"，这两句打动了无数读者的内心，这首词也成了离别诗词中的经典之作。

今宵酒醒何处

蝶恋花·晚止昌乐馆寄姊妹

宋·李清照

泪湿罗衣脂粉满。四叠阳关，唱到千千遍。

人道山长山又断。萧萧微雨闻孤馆。

惜别伤离方寸乱。忘了临行，酒盏深和浅。

好把音书凭过雁。东莱不似蓬莱远。

在古代，离别的时候经常是男人之间的送别、情侣之间的送别，女词人李清照和姐妹们也有送别的场景，并且也少不了酒。女性之间的离别难免泪沾衣袖，她们依依惜别，将阳关曲唱了无数遍。离别时方寸已乱，不知喝了多少酒，只愿对方珍重万千，常写信联系。李清照这首离别的词作，毫不掩饰地将女性之间惺惺相惜的情感表现得淋漓尽致。

功名万里外，心事一杯中

 思乡之酒

　　古代的交通和通信都极为不便，对于远在他乡的游子来说，羁旅之愁常萦绕心间，思乡之情是人之常情，在想念家乡和亲人的时候，会用一杯酒来表达对他们的思念。

苏幕遮

宋·范仲淹

碧云天，黄叶地，秋色连波，波上寒烟翠。

山映斜阳天接水，芳草无情，更在斜阳外。

黯乡魂，追旅思。夜夜除非，好梦留人睡。

明月楼高休独倚，酒入愁肠，化作相思泪。

　　范仲淹这首《苏幕遮》用秋色作为渲染表达了羁旅在外之人对故乡的思念之情。"黯乡魂，追旅思"不禁让人潸然泪下，倚楼登高会让人情不自禁，借饮酒来排遣，作者写出了"酒入愁肠，化作相思泪"的千古名句。

浊酒一杯家万里

菩萨蛮

宋·李清照

风柔日薄春犹早，夹衫乍著心情好。

睡起觉微寒，梅花鬓上残。

故乡何处是，忘了除非醉。

沉水卧时烧，香消酒未消。

　　这首词写于李清照南渡之后，早春季节原本是春游的好时节，作者却时刻想念着自己的家乡，因为此时的李清照早已由于战乱远离家乡，多年未曾回去。一觉醒来，觉得有些微寒。饮酒过多，只为了忘却思乡的愁绪。沉水香已经在香炉中燃尽了，而自己的酒意还没有消去。女词人表面写自己饮酒过多，实则表现了思乡之情难以排遣的苦闷。

故乡何处是，忘了除非醉

 洒脱之酒

　　历代诗人们饮酒、爱酒，也用很多笔墨来赞美酒，在他们笔下，品饮美酒是再美妙不过的事情了。

月下独酌

唐·李白

花间一壶酒，独酌无相亲。

举杯邀明月，对影成三人。

月既不解饮，影徒随我身。

暂伴月将影，行乐须及春。

我歌月徘徊，我舞影零乱。

醒时相交欢，醉后各分散。

永结无情游，相期邈云汉。

　　李白的《月下独酌》脍炙人口，一人独饮竟然也如此有趣，不得不为诗人新奇的想象力而拍案叫绝。李白自己饮酒，感觉缺少同伴，就将酒杯高高举起邀请天上的明月，再对着地上自己的影子，这样一来就有三个人饮酒了。诗人显然是有了几分醉意，但他还算理智，明白月亮不懂饮酒，影子跟随我也是徒劳，但是我与它们在一起及时行乐又有何妨呢？清醒时我们一起欢饮，喝醉后各自散去，真希望我们能永久结伴交游，在遥远的天河中也能相见。这样一首《月下独酌》恐怕只有诗仙、酒仙才能写得出来。

举杯邀明月

将进酒

唐·李白

君不见黄河之水天上来，奔流到海不复回。

君不见高堂明镜悲白发，朝如青丝暮成雪。

人生得意须尽欢，莫使金樽空对月。

天生我材必有用，千金散尽还复来。

烹羊宰牛且为乐，会须一饮三百杯。

岑夫子，丹丘生，将进酒，杯莫停。

与君歌一曲，请君为我倾耳听。

钟鼓馔玉不足贵，但愿长醉不复醒。

古来圣贤皆寂寞，惟有饮者留其名。

陈王昔时宴平乐，斗酒十千恣欢谑。

主人何为言少钱，径须沽取对君酌。

五花马、千金裘，

呼儿将出换美酒，与尔同销万古愁。

《将进酒》是李白与酒相关的另一篇名作，题目的意思就是"请喝酒"。诗人的满腔豪情借酒得以抒发，充满洒脱豪迈之情。诗中写道人生在得意的时候就要欢乐地饮酒，不要让酒杯空对着明月，足见诗人对酒的喜爱。李白不仅擅饮并且狂饮，他要"一饮三百杯"，并且还劝他的朋友"将进酒，杯莫停"，他希望在饮酒的过程中让自己

李白醉卧雕像

长醉不醒。"惟有饮者留其名",这句诗果然不假,诗人豪气干云,为饮酒不惜将身上值钱的五花马、千金裘都用来换酒,在醉生梦死之间消解那万古之愁绪。

水调歌头

宋·苏轼

明月几时有?把酒问青天。

不知天上宫阙,今夕是何年。

我欲乘风归去,又恐琼楼玉宇,高处不胜寒。

起舞弄清影,何似在人间。

转朱阁,低绮户,照无眠。

不应有恨,何事长向别时圆?

人有悲欢离合,月有阴晴圆缺,此事古难全。

但愿人长久,千里共婵娟。

东坡先生这首《水调歌头》是中秋诗词中最广为传颂的名篇,"明月几时有?把酒问青天"的发问表达的是中国人在传统节日中特有的情怀。这首词是苏东坡饮酒后创作的,上半首借酒发问,描绘了一番新奇的景象。诗人不知道天上的宫阙与人间是否一致,所以想乘风去看看,但又怕琼楼玉宇之中过于寒冷,于是起舞弄清影,飘飘欲仙似乎已经不像人间的景象了。有酒相伴,作者表达了对弟弟苏辙的想念,对于人世间的悲欢离合,作者早已明白这是人世间不能圆满的事情,进而咏叹出了"但愿人长久,千里共婵娟"的美好祝福。

三苏纪念馆

 矛盾之酒

　　酒有一种魔力，让人又爱又恨。端起酒杯时，忘却一切，纵情欢饮。大醉之后，若有所思，常感叹自己饮酒过量，这种情感从古至今的人们都曾有过，在诗人笔下也描写过这种复杂、矛盾的心情。

沁园春·将止酒、戒酒杯使勿近

宋·辛弃疾

杯汝来前，老子今朝，点检形骸。

甚长年抱渴，咽如焦釜，于今喜睡，气似奔雷。

汝说刘伶，古今达者，醉后何妨死便埋。

浑如此，叹汝于知己，真少恩哉。

更凭歌舞为媒。算合作人间鸩毒猜。

况怨无大小，生于所爱，物无美恶，过则为灾。

与汝成言，勿留亟退，吾力犹能肆汝杯。

杯再拜，道麾之即去，招则须来。

豪放派词人辛弃疾这首与酒相关的词非常有趣，描写了自己与酒杯对话的一段故事。作者由于饮酒过多，准备戒酒，让酒杯不要靠近自己，之后便开始了与酒杯的对话：酒杯你过来，老夫今天要检点自己了。由于多年来饮酒，我的嗓子像烧焦的锅一样干燥，如今我喜欢睡觉，并且每天鼾声如雷。你说刘伶是古今旷达的贤人，死的时候随便埋了就行。如果那样，我真感叹你对于自己的知己这么薄情寡义。并且有歌舞相伴，喝酒会越来越上瘾。怨恨没有大小，只是因爱或不爱生恨。事物本身没有好坏，但过分就是灾害。我跟你说，你赶紧给我走，我还是有力量对付你这酒杯的。杯子再三拜谢，对我说："让我走我就走，什么时候召唤我我还会来"。整首词实际是作者自己的想象，也是他想戒酒却又怕戒不掉的内心写照，这就是酒带给人们的矛盾心情。

杯中藏日月

酒谚拾趣

醉翁之意不在酒

　　"醉翁之意不在酒"这句名言出自北宋文学家欧阳修的《醉翁亭记》，醉翁则是欧阳修自称。这篇文章中作者与众人在山中饮酒欢聚，将一座亭子命名为醉翁亭，众人十分享受，而作者的内心并非只在饮酒取乐，他更希望自己将身心都交付给大自然，尽情欣赏这自然的美景，正所谓"醉翁之意不在酒，在乎山水之间也"。现如今，这句名言常被人们所使用，用来形容本意不在此而在别的方面。

安徽滁州琅琊山上的醉翁亭

书画与酒

书画与酒也有非常密切的联系，酒有一种神奇的功效，当书画家饮酒之后，有时会激发灵感进行艺术创作，并且状态奇好，能够达到平日里不能实现的高度。

《兰亭序》的作者王羲之就是在饮酒之后，挥毫写下了这篇著名的文章，《兰亭序》也因此成了书法艺术精品，被誉为"天下第一行书"。有人戏言，如果让王羲之再次书写，恐怕不能达到同样的高度。

无独有偶，唐代有两位擅长写狂草的书法家，一位是张旭，另一位是僧人怀素，他们都十分嗜酒，饮酒之后笔走龙蛇，汪洋恣肆，创作了许多传世名作，他们二人也因此并称为"颠张狂素"。

在画家当中同样有饮酒后作画的例子，唐代画家吴道子常酒后作画，他擅长佛教画和人物画，所创作的佛教人物常有衣带飘飘、被风吹拂的形态，这种风格被称为"吴带当风"，吴道子也因为高超的绘画技巧和经典作品被世人尊称为"画圣"。

山东省临沂市王羲之故居兰亭序碑

画圣吴道子雕塑

除了书画的创作者，在历代的画作当中也有许多描绘古代饮酒情形的作品，五代时期顾闳中的《韩熙载夜宴图》中表现了上层社会人士饮酒欢聚时的情景，北宋张择端的《清明上河图》中的某些画面则体现了市井之人的饮酒情态，意趣盎然。

古人喝的酒有多少度

指点迷津

中国人喜欢饮酒，很早就掌握了酿酒技术，但古人和今人所饮用的酒是有很大区别的，除了酒种类的区别，酒精度的差异也是十分明显的。据专家研究，因工艺、材料和保存方式等因素的限制，古代所喝的酒酒精度大都不高，秦汉时期十分典型的米酒酒精度在4度左右。随着工艺的改进，唐朝时期的米酒酒精度已经达到了8到12度。宋代在此基础上进一步提升，酒精度达到了14到18度，所酿的米酒与今天的黄酒十分类似。元朝时造酒行业兴起了一股革命，人们掌握了酒的蒸馏技术，发酵后蒸馏的酒能够达到六七十度，但由于其酒性过烈，未能普遍推广。

黄酒在明清时期占据极其重要的地位。随着时代的发展，高度白酒也被人们所接受，当下的酒则是琳琅满目、滋味各异，人们对酒精度也有了更多的选择。

不可贪杯

名著与酒

在古典文学名著中，酒占有极其重要的地位，许多动人的故事因为酒的存在变得更加精彩，文学作品中的描述可能有艺术创作的成分，但书中的故事处处离不开酒，酒对于人们的重要性不言而喻。

 《红楼梦》中的酒文化

《红楼梦》的作者曹雪芹是一位博学多才、见多识广的行家，他早年生活条件优越，酒自然是随时相伴。家道中落之后，生活贫苦，但依然嗜酒如命。传说他在市井之间为了痛饮美酒，将身上唯一佩戴的宝剑拿去换酒喝，可见此人也是豪侠之士。晚年的曹雪芹穷困潦倒，他的朋友曾写诗形容他"举家食粥酒常赊"，然而在如此艰难的条件下，曹公写出了《红楼梦》，在这部书中他用独特的方式展示了中国酒文化。

《红楼梦》一书中处处写酒，人人饮酒，酒贯穿了红楼人物生活的始终。第十七回《大观园试才题对额》中，贾政看到稻香村的一片清幽气象，心生羡慕，还命人置办一个酒幌插在树梢，营造出了市井酒家的景象。

第四十回《史太君两宴大观园，金鸳鸯三宣牙牌令》中描写了刘姥姥第二次到大观园，贾母设宴款待她，众人抹骨牌，行酒令，鸳鸯做令官，不同身份、不同文化素养的人说出来的酒令五花八门，各有特色。以贾母和刘姥姥两个人做对比：

鸳鸯：左边是张"天"；贾母：头上有青天。

鸳鸯：当中是个"五与六"；贾母：六桥梅花香彻骨。

鸳鸯：剩得一张"六与幺"；贾母：一轮红日出云霄。

鸳鸯：凑成便是个"蓬头鬼"；贾母：这鬼抱住钟馗腿。

鸳鸯：左边四四是个人；刘姥姥：是个庄稼人吧。

鸳鸯：中间三四绿配红；刘姥姥：大火烧了毛毛虫。

鸳鸯：右边幺四真好看；刘姥姥：一个萝卜一头蒜。

鸳鸯：凑成便是一枝花；刘姥姥：花儿落了结个大倭瓜。

贾母和刘姥姥一个尊贵、一个低微，一个是享清福的老祖宗、一个是田间劳作的老农妇，两个人说出的酒令一个雅致有牌面、一个粗俗搞笑。

第六十二回《憨湘云醉眠芍药茵，呆香菱情解石榴裙》中，贾宝玉过生日，众人聚会欢饮，在史湘云的提议之下，众人边饮酒边说酒令，史湘云不胜酒力，醉卧在花园中的大石头上，在花丛的映衬之下，留下了"湘云醉眠"的动人场景。白日没尽兴，晚上众人还在怡红院开夜宴庆祝，使用的是花名签的酒筹，为一场平常的聚会增添了无限乐趣。

北京大观园内景观

 ## 《水浒传》中的酒文化

《水浒传》中几乎每一回都提到酒，水浒好汉们无酒不欢，无日不饮酒，书中也有许多关于酒的有趣故事。《水浒传》的故事发生在山东梁山泊，书中的人物都是豪饮之人，作者将故事发生的地点安排在山东，侧面也体现了山东人豪爽的性格和喜欢饮酒的特点，此外也说明山东具有十分深厚的酒文化基础。

"三碗不过冈"是水浒传中经典的故事，武松在景阳冈见到店家酒幌上写着"三碗不过冈"，心中不服气，竟然连饮十八碗酒，然后还要过景阳冈，最终在景阳冈遇到一只猛虎，武松以非凡的勇气将老虎打死，为民众除了一害，并且被称为"打虎英雄"。三碗不过冈的酒幌意在表明酒的纯度高，是好酒，而武松连饮十八碗毕竟是小说之言，有夸张的嫌疑，即便如此，三碗不过冈的故事依然广为流传，家喻户晓。

山东景阳冈景区

"醉打山门"是《水浒传》另一位主人公鲁智深的故事，描写的是鲁智深因打抱不平，拳打镇关西致死，因而在五台山出家为僧。但鲁智深生性喜欢饮酒，一次山下来了个卖酒的，鲁智深闻到酒香便不管那么多，酒醉归来时，僧侣们因为他犯了戒条不允许他进寺院。鲁智深借着酒劲大打出手，将五台山寺院闹了个天翻地覆，事实上，这也是鲁智深抱负不得施展，一腔愁苦无处发泄的表现。这个故事被许多人熟知，许多戏曲当中也有《醉打山门》的剧目。

将进酒，杯莫停

《三国演义》中的酒文化

　　《三国演义》是一部历史小说，书中同样有许多因酒而闻名的故事。

　　温酒斩华雄是《三国演义》第五回中的情节，因董卓为祸朝廷，独揽大权，十八路地方诸侯结成联盟一起讨伐董卓。一日，董卓派手下大将华雄出战，作为十八路诸侯盟主的袁绍先后派出两员大将皆被华雄斩首。此时，尚不出名的关羽请求出战，曹操见关羽仪表不俗，亲自斟热酒为关羽助威。关羽将酒放下不饮，提刀出帐，顷刻间就提着华雄的人头回到帐前。再看杯中热酒，尚有余温，从此关羽名震天下。温酒斩华雄表现的是关羽武艺超群，斩将归来热酒不曾变凉，令人敬服。

　　曹操煮酒论英雄也是《三国演义》中具有标志性意义的故事，曹操挟天子以令诸侯，感觉唯有刘备是心腹之患，于是邀请刘备到府中，正值青梅已熟，想借煮酒来试探刘备野心。但刘备十分谨慎，与曹操一一细数当世豪杰，当曹操言道"今天下英雄唯使君与操耳"时，刘备巧借惊雷掩饰其内心的波澜，曹操也未能加害刘备。煮酒论英雄在《三国演义》中具有统领全书的意义，是曹操、刘备得以成就霸业的前提，三国故事也常被人们于茶余饭后津津乐道。

青梅煮酒

酒谚拾趣

酒不过量，美食不过饱

　　酒是人们生活中的伙伴，但饮酒是一把双刃剑，有利也有弊。饮酒虽然能给人美妙的体验，但也不能贪杯过量；饭菜虽然好吃，暴饮暴食也无益。饮酒要适量，吃饭要有节制，否则都将危害健康。科学饮酒、理性饮酒才能享受美酒带给我们的快乐，才能使酒成为美好生活的调味剂。

对酒当歌，人生几何

参考文献

[1]《中国酒文化趣谈》编写组.中国酒文化趣谈 [M].北京：中国旅游出版社，2008.

[2] 曹雪芹，无名氏.红楼梦 [M].北京：人民文学出版社，2008.

[3] 曾绍伦.川酒发展研究论丛（第 1 辑）[M].成都：西南财经大学出版社，2014.

[4] 董飞.中华酒典 [M].北京：线装书局，2010.

[5] 范纬，王霄凡.珍重酒香：图说中国古代酒文化 [M].北京：文物出版社，2020.

[6] 傅德岷，卢晋.宋词鉴赏辞典 [M].武汉：崇文书局，2005.

[7] 郭燕，王上嘉.一口气读懂中国酒文化 [M].北京：民主与建设出版社，2012.

[8] 蘅塘退士编，陈婉俊补注.唐诗三百首 [M].北京：中华书局，1959.

[9] 胡洪琼.汉字中的酒具 [M].北京：人民出版社，2018.

[10] 胡普信.中国酒文化概论 [M].北京：中国轻工业出版社，2014.

[11] 胡小伟.中国酒文化 [M].北京：中国国际广播出版社，2021.

[12] 贾志勇 . 中国白酒品评宝典 [M]. 北京：化学工业出版社，2016.

[13] 蒋雁峰 . 中国酒文化 [M]. 长沙：中南大学出版社，2013.

[14] 金小曼 . 中国酒令 [M]. 天津：天津科学技术出版社，1991.

[15] 李世化 . 酒文化十三讲 [M]. 北京：当代世界出版社，2020.

[16] 李寻，楚乔 . 酒的中国地理：寻访佳酿生成的时空奥秘 [M]. 西安：西北大学出版社，2019.

[17] 李元秀 . 茶道与酒文化 [M]. 呼和浩特：内蒙古人民出版社，2007.

[18] 李争平 . 中国酒文化 [M]. 北京：时事出版社，2016.

[19] 刘志强 . 味觉中国：舌尖上的酒文化（图文全彩）[M]. 北京：外文出版社，2013.

[20] 罗贯中 . 三国演义 [M]. 北京：人民文学出版社，1973.

[21] 麻国钧，麻淑云 . 中国酒令大观 [M]. 北京：北京出版社，1993.

[22] 孟醇 . 红楼梦诗词笺析易 [M]. 湘潭：湘潭大学出版社，2014.

[23] 上海辞书出版社文学鉴赏辞典编纂中心 . 历代名诗鉴赏·唐诗（上）[M]. 上海：上海辞书出版社，2018.

[24] 施耐庵 . 水浒传 [M]. 北京：人民文学出版社，1997.

[25] 苏致远 . 祝酒辞 [M]. 北京：中国画报出版社，2010.

[26] 天龙 . 民间酒俗 [M]. 北京：中国社会出版社，2006.

[27] 王俊 . 中国古代酒具 [M]. 北京：中国商业出版社，2015.

[28] 王升.古往今来话中国：中国的饮食文化 [M]. 合肥：安徽师范大学出版社，2012.

[29] 王绪前.舌尖上的酒文化 [M]. 北京：中国医药科技出版社，2016.

[30] 肖东发，董胜.酒香千年：酿酒遗址与传统名酒 [M]. 北京：现代出版社，2015.

[31] 萧家成.升华的魅力：中华民族酒文化 [M]. 北京：华龄出版社，2007.

[32] 忻忠，陈锦.中国酒文化 [M]. 济南：山东教育出版社，2009.

[33] 徐海荣.中国酒事大典 [M]. 北京：华夏出版社，2002.

[34] 徐海荣.中国饮食史（卷 4）[M]. 杭州：杭州出版社，2014.

[35] 徐瑾.酒俗 [M]. 天津：天津人民出版社，2012.

[36] 徐文苑.中国饮食文化 [M]. 北京：北京交通大学出版社，2014.

[37] 徐兴海.酒与酒文化 [M]. 北京：中国轻工业出版社，2018.

[38] 殷伟.酒：中华千古文人的颓废与豪放 [M]. 北京：中国文史出版社，2008.

[39] 尹广学.中华经典诗文诵读（第 5 卷）[M]. 济南：山东友谊出版社，2015.

[40] 张文学，谢明.中国酒及酒文化概论 [M]. 成都：四川大学出版社，2010.

[41] 赵敏俐，吴思敬，韩经太等.中国诗歌通史·宋代卷 [M].

北京：人民文学出版社，2012.

[42] 郑宏峰.中华酒典（上）[M].北京：线装书局，2010.

[43] 郑巨欣，邵琦.酒酣心自开：品味佳酿 [M].杭州：浙江人民美术出版社，2001.

[44] 周振甫.诗经译注 [M].北京：中华书局，2010.